Ⓢ新潮新書

松浦 壮
MATSUURA So

宇宙を動かす力は何か

日常から観る物理の話

643

新潮社

はじめに

世の中には実にいろいろなことが起こります。テレビやインターネットでは新しいアイドルやキャラクターが次々に生まれ、大ブレークするものもあれば、人知れず消えていくものもある。新しい言葉や若者文化も同じで、定着するものもあれば忘れ去られるものもあります。例えば「ご当地キャラ」や「ゆるキャラ」などは、出てきたのは最近ですが、すっかりおなじみになったように思います。かと言って、出てきたものが全部根付くかと言うとそうでもないようで、消えていく言葉もたくさんあります（去年の流行語大賞を覚えていますか?）。

その他にも、政権が交代したり、株価が下がったり上がったり、今まで知らなかったような病気が世界中に広がったり、今も昔も世の中は本当に複雑です。

世間に起こるこうした複雑極まりない出来事をすっきり理解して、色々なことに振り回されずシンプルに生きたい。多くの人の願いではないでしょうか。

意外に感じるかも知れませんが、そんな時に役に立つのが物理です。

「うわ〜、物理苦手……」という言葉が聞こえてきそうです。が、本を閉じるのはちょっとばかり待っていただきたい。

私がここで言っている「物理」というのは、公式を覚えたり、難しい計算をしてよくわからないことを言ったりする例のアレではありません。物理の本当の意味は、文字通り「物の理（ことわり）」です。ここでひとつこんな想像をしてみましょう。

あなたは今、何の文明も知識体系もない、知らない時代に放り出されたとします（過去かも知れないし、未来かも知れませんね）。

どんな時代でも、一番大切なのは生きる事です。生きるためには自分の周りのことをよく知らなくてはいけない。おそらくあなたは、食べ物を探すために森に分け入るでしょう。森には色々なものがあります。食べられるもの、食べられないもの、安全な場所、危険な音などなど、あなたは、生きるために必要な情報を数多く集めなければいけません。テレビもインターネットもないしアイドルもいませんが、やっぱり世の中は複雑です。

そうしているうちに、きっとあなたは、食べられるものには特定のパターンがあることに気づきます。それは匂いかも知れないし、形かも知れないけれども、無数にある物の中に潜む共通点には違いない。「理（ことわり）」の発見です。新しい物を見つけた時、それが食べられるかどうか判断できるなら、それはとても素晴らしいことです。

世界は複雑だけれども、その背後には何か単純なパターンが隠れている。これに気づくだけで、世界はあなたにとって随分と生きやすい場所になるはずです。あなたの人生に少しだけ余裕が生まれ、より多くの食料と安全を手に入れて、ひょっとすると生きることとは直接関係のない理を見つけるかも知れません。やがてあなたは、自分が見つけた理を次の世代に伝えるでしょう。次の世代の人たちは、あなたが見つけた理の上にさらに深い理を見つけ、やがてそれはひとつの大きな体系になっていきます。こうして生まれたのが、「物の理」の集大成、広い意味での「物理」です。

物理の本質は、身の周りに起こる現象の中にパターンを見出し、そのパターンの背後に共通する理を見出すことで、複雑な世界をコンパクトかつ正確に理解することにあります。「公式を覚えたり、難しい計算をしてよくわからないことを言ったりする例のアレ」は、その上澄みの中でも最も薄い部分に過ぎません。ジャガイモとほうれん草は色も形も全く違うのに、「食べられる」という共通点があるのと同じように、全く違った現象の背後に共通の理が隠れていることはよくあります。だからこそ、その理を深く知ることで、無数の現象を同時に理解できるのです。

大切なのは知識ではありません。「世界の背後には単純な理があり、それを使うとより良く生きることができる」という考え方こそが、人類が生まれてから脈々と受け継がれてきた物理という知恵です。知識も大切ですが、それを今を生きる私たちが使って役立ててこそ、その知識は生命《いのち》を得て知恵に昇華します。

最初の疑問に戻りましょう。この複雑な時代を、色々なことに振り回されずシンプルに生きるにはどうしたらよいか。答えは先人が教えてくれています。

「複雑な出来事の中に理を見つけよ」

今の時代には今の時代特有の複雑さがあるので、古い知識はそのままでは通用しないかも知れません。ですが、そこに理を見出そうとする知恵はいつの時代にも通用します。一見全く違った物事を一つの理で繋げて、物事をすっきり理解する。これこそが物理の魅力の真骨頂です。

私は、素粒子物理学という分野で研究を行う傍ら、いわゆる「文系」と呼ばれる大学生を対象に物理の講義をしています。同じ講義をするなら、聴く人が楽しめる講義にしたい。そして、どうせ物理を楽しむのなら、表面的な面白さよりも、物理が持つ真の魅力の方に心を震わせてほしい。多少大げさですが、そんなことを思いながら、ああでもない、こうでもないと毎年講義を行っています。そして、その試行錯誤の結果の一つとしてこの本が結実した、というわけです。

身の周りにある多種多様な出来事の中に共通の理を見つけるためには、それぞれの出来事が持つ「色」を消す必要があります。ジャガイモが持っている、ボコボコしている、土の中で育つ、といった「色」に注目したら、ジャガイモは決してほうれん草の仲間には見えませんよね？　「食べられる」という一点に関連する部分だけを抽出して初めて、ジャガイモとほうれん草は同じ理で括られることになります（もちろん、抽出できる理は一つではありませんが）。

このように、それぞれの出来事が持つ「色」を一度消して、理として統一的に理解すると、物事の見通しがとても良くなります。さらに、色を消しているからこそ、あらゆる色に染めて姿形を変えることが出来る。このようなものの見方を、私は個人的に「無色化」と呼んでいます。

そこでこの本ではまず、芸能ニュースや世界の出来事を無色化して、見かけが全く違う物事の中に同じ理が潜んでいることを感じてもらいたいと思います。

その後、視点をもっとずっと身近な、私たち自身に移します。理が隠れているのは、身の周りの出来事だけではありません。おそらく意識すらしていないと思いますが、実は、私たちが当たり前に使っている言葉や物の見方の中にも、親から子へ受け継がれてきた物理が隠れていて、私たちの世界観の中に「常識」という形でしっかりと根を下ろしています。私たちのものの見方を無色化して、その中に潜む理を顕《あらわ》にすると、私たちの世界観が驚くほど物理に根ざしていることに気づきます。

今の私たちの世界観に根を下ろしている物理は、19世紀に完成した古い物理です。当然、20世紀以降になって見えるようになった色々な出来事は、この理の外にあります。例えば、20世紀になって発見された現象のひとつにこんなものがあります。

「動く物体の時間は、止まっている物体の時間よりもゆっくり進む」

ひょっとすると驚かれたかも知れませんが、これは観測事実ですし、今や当たり前の現象です。これが常識外に感じるのは、単純に私たちの世界観を構成している理が古いからです。その一方で、この現象は科学としてはしっかりと定着して、最先端の科学技術を支えています。これはちょうど、19世紀に見つかった電気の理論が当時最先端だった電気技術を支えていたのと同じことです。今でこそ、時間が伸び縮みするという現象は常識外ですが、新しく見つかったこの理は、今この瞬間も人々の世界観に浸透しつつあり、100年後の世界では間違いなく常識になっていることでしょう。現代の理は未来の世界観なのです。

本の後半では、20世紀に入って発見された新しい理に焦点を当てて、未来の世界観を覗いてみたいと思います。その副産物として、私たち物理屋が「相対性理論」と呼んでいる理論の屋台骨と、この本のタイトルにもなっている「宇宙を動かす力」の代表格が姿を現すはずです。

本書の目的はただ一つ。複雑に見えるこの世界には理が満ちていて、理を見つけることはそれ自体が楽しいのだ、ということを感じてもらうことです。

世の中に溢れるどんな学問の背後にも物理が潜んでいるし、理を通して世界をみる楽しさと情熱が潜んでいます。複雑な世の中だからこそ、物理の本当の姿を再発見して、実際に使って世の中を楽しんで欲しい。これが私の願いです。

宇宙を動かす力は何か——日常から観る物理の話 ● 目次

第１話　ＡＫＢ48に潜む物理⁉

話題は何でも良いのです

さて、それでは早速身の周りにある理を紐解いていきましょう。「理を紐解く」なんて言い方をすると難しく聞こえますが、この世界に起こるどんな些細な出来事にも理由がありますから、目に付いたことならどんな事にだって何かしらの理が潜んでいます。それに間違えていたって構わない。学問としての物理学だって、歴史をふり返れば試行錯誤の結果消えていった説や理論が死屍累々です。おまけに、後でも触れますが、この世の中、理が分かっていない物事の方がはるかに多いのです。ですから最初は、「あ、これとこれは似てるな～」くらいな気持ちで始めて、うまくいくうちはどんどん突き進み、無理が出てきたら改めて考え直す、という楽観的なやり方の方が実りが多いように思います。

であれば、話の出発点はできるだけ硬くない、学問の匂いがしない、そして結論が出ていない話題の方が面白いでしょう。そこで手始めに、アイドルグループ、ＡＫＢ48の「シングル選抜総選挙」に潜む理を探してみましょう。予め断っておきますが、これからこの章で展開する論は、本当に正しいかどうかわかっていない、結論の出ていない話です。また、多少切り口は違うものの、似たテーマを論文として発表している方もいらっしゃいます。

それでも敢えて私がこのテーマを選んだのは、理というのはどんな出来事の背後にも潜んでいることをお見せしたかったからです。同時に、卑近な物事に潜む理を顕《あらわ》にするために私がいつも使っているプロセスを紹介したい、という気持ちもあります。ですので、ここで紹介する論は誓って私が自分で組み立てたものではありますが、学術的にオリジナリティを主張するつもりは毛頭ありません。私自身がいつも行っている、理を使った世界の眺め方の一例と理解していただければ幸いです。

はじまりは素朴な疑問から

前置きはこのくらいにしましょう。ご存知の方も多いと思いますが、ＡＫＢ48は大所帯のアイドルグループです。その中から、発売されるシングルＣＤに参加する選抜メンバーや、歌うときのポジションなどを年に1回、ファンによる投票で決定する、という大変ユニークなシステムがこのシングル選抜総選挙、通称「総選挙」です。特にこの投票で1位を取ったメンバーはセンターを任されることになり、実質、グループの中心メンバーとみなされます。

当然注目度も上がりますし、仕事の量も増えますから、メンバーにとっては重要なイベントです。一方、このアイドルグループを運営する立場から見れば、人気のあるメンバーを常に中心に維持できるというメリットがあります。そしてファンにとっては、自分が注目しているメンバーを前面に押し出すためのアクションを自ら起こすことが出来る。このように、このイベントは様々な思惑が複雑に絡んでおり、毎回大変な盛り上がりを見せています。

この総選挙の時期になると、私のような朴念仁の下にすら、インターネットやテレビを通じてＡＫＢ48関連の話題がポツポツと流れてきます。話の出どころは特定のメンバーのファンや選挙結果を予想している方のツイッターやブログのようです。面白い記事などが書かれると、それを引用する形で私のような末端の人間にまで情報が流れてくるのです。「やはりAさんが鉄板だろう」「速報ではBさんがトップだそうだ」「最終結果はなんとCさんが逆転でトップに！」などなど、なかなかドラマチックです。最終結果を見たときの感想は、まあ、色々あると思うのですが、私はひとつ疑問が湧きました。

「なぜこのメンバーが1位になったのだろう？」

今は便利な時代で、過去の総選挙のデータがすぐ手に入ります。それぞれのメンバーが前回何位だったのか、何票を獲得していたのか、そういう情報がすぐにわかります。それを見ると、どの総選挙でも上位の方に得票数がずば抜けて多いメンバーが固まっています。例えば最近のものなら、上位2名の得票数はほぼ並んでいて、3位の得票数の約1・5倍もの票を獲得しています。つまり、上位2名が突き抜けていて、その下は程度の差こそあれ、ほぼ団子になっている。過去の結果も、飛び抜けているメンバーの数は違いますが、ほとんど同じ状況です。

そして面白いのは、上位メンバーの中には、必ず、前回の選挙で比較的得票数の少なかったメンバーが入っているのです。前回の選挙の時には、不人気とは言わないまでも大人気ではなかったメンバーが、1年後には大人気になり、センターを争う位置にいるということです。つまり、同じアイドルグループなのに、上位メンバーが常に入れ替わっている。これがこのグループの話題が尽きない理由の一つでしょう。

〝人気〟とは何だろう？

前回はさほど振るわなかったメンバーが、なぜ短期間で上位に食い込めたのでしょう？「そりゃ、人気が出たからでしょ？」というのが普通の答えですし、私もそれに賛成です。「人気」と呼ばれる何かが急上昇したおかげで、流動的だったファンの票が集まって得票数が伸びた。これは間違いないでしょう。では「人気」とはなんでしょう？

これ、結構困りませんか？　実は私も困りました。人気というのは、何となく肌で感じはしても、はっきりと数字で示せるものでもないし、具体的な実体を持ったものでもないからです。手元の辞書を引いてみると、「世間一般の気うけ。評判」とあります。

つまり、受け入れやすくなった人がたくさんいる状態を「人気がある」と言うのですね。一見わかった気にはなりますが、その実、正体不明な言葉（人気）を別の正体不明な言葉（気うけ・評判）で言い換えただけで、実際には何もわかっていません。それでも、ひとまずこの言葉を受け入れることにすれば、正体はわからないけれど「評判」のような尺度があって、それがある一定の値を超えたメンバーには大量の票が集まる、というのがＡＫＢ48の総選挙で起きていることのようです。

似た現象を知っている

ところで、こうして言い換えてみると、似たような現象に思い当たります。

「温度がある一定値よりも下がると水（液体）は突然氷（固体）に変化する」

この現象に似ていませんか？　実際、右の文章の言葉を、「温度が下がる」を「評判が上がる」に、「水（液体）」を「比較的少ない得票数を獲得する状態」に、「氷（固体）」を「大量の得票数を獲得する状態」に、それぞれ置き換えてみてください。次のようになります。

「あるメンバーの評判がある一定値を超えると、比較的少ない得票数を獲得する状態だったそのメンバーは大量の得票数を獲得する状態に変化する」

これは、先程述べた総選挙で起きていることそのものです。もちろん、「似ている」ということと「本質が同じ」ということの間には天と地ほどの差があります。似ているから同じと決めつけるのはとても危険です。ですが、手がかりがない時、類似性というのはとてもいい出発点です。そこで、ひょっとしたら間違っているかも知れないという意識は頭の片隅に置きつつ、ＡＫＢ48の総選挙の得票数の変化と、水から氷への変化には同じ理が隠れているのではないかと予想してみることにしましょう。

液体が固体になるように、構成要素は変わらないのに、全体としての性質が突然変わる現象を「相転移」と呼びます。水の分子は、本来、隣の分子とくっつこうとする性質を持っています。それと同時に、水の分子は自分勝手に動こうとする性質も持っていて、その傾向は温度が高い時の方が大きくなります（というよりも、水分子が持っている平均的な運動の激しさを「温度」と呼ぶのです）。

温度が高い時は、水分子の運動が激しいので、隣同士で結びつこうとする性質よりも自分勝手に動きたい性質が勝り、水は全体として液体の状態です。温度を下げていくと、結びつこうとする性質の方が勝ってきて、分子同士が結合しようとします。それでも、ある程度の温度があれば、分子の動きが激しいので、結びついた結合はすぐに解けてしまい、全体としての性質は液体のままです。ところが、温度がある値よりも小さくなると、分子の運動が結合を切ることができなくなります。すると、結合した分子が隣の分子を引きつけ、それがさらに隣の分子を引きつけ、という連鎖的な反応が起こって、全体が大きな一つの塊になります。これが固体の水、氷です。

大切なのはこの連鎖反応です。温度がある一定の値よりも小さくなると、まるで示し合わせたように、多くの分子が連鎖的に結合状態になり、液体だった水が突然固体に変わる。これは「協力現象」と呼ばれます。協力現象による相転移の例は他にもたくさんあります。例えば、磁場をかけた状態で熱した鉄の温度を下げていくと、その鉄は磁石になります。鉄の原子はそれ自体が小さな磁石です。ですから小さいながらも、隣の原子と同じ方向を向こうとする力が常に働いています。温度がある値（キュリー点）よりも下がると、この力が連鎖的に原子の方向を揃えて、鉄は方向の揃った原子の塊になります。これが磁石です。その他にも、交通渋滞や蛍の発光、そしてなんと宇宙の始まりに起きたと考えられている「インフレーション」と呼ばれる空間の大膨張も、全てこの協力現象で説明できます。見た目こそ全然違いますが、これらはどれも、ある一定の条件が整った時、構成要素の間に働く相互作用が一斉に同期して全体の状態を変えてしまう、という共通点を持っています。これこそが相転移の本質です。

ファン同士による「協力現象」

話を総選挙に戻しましょう。総選挙は、それぞれのファンが持つ票をそのファンが気に入ったメンバーに投票するという単純なゲームです。大まかな傾向はあるにしても、基本的に人の好みはそれぞれですから、全ての投票者が誰ともコミュニケーションを取らずに投票を行えば、得票数にそれほど大きな差は現れないでしょうし、何より、短期間である特定のメンバーの得票数が伸びる現象が説明できません。となると、ファンの間のコミュニケーションがこの現象の鍵になりそうです。総選挙に関することに限って言えば、コミュニケーションのほとんどはインターネット上で行われていると考えて差し支えないでしょう。つまり、ブログやツイッター、フェイスブックをはじめとするＳＮＳがコミュニケーションの場になります。

ここで、自分がどのメンバーに入れるか悩んでいる時を想像してみましょう。せっかく持っている投票権ですから、誰かには投票したい。でも、これといった決め手がなくて、誰に投票するかは決めかねている。こんな時、あなたならどうしますか？　おそらく、多くの場合、インターネット上で検索をかけるでしょう。検索に使う単語はメンバーの名前かも知れないし、有名なブロガーの名前かも知れませんが、いずれにしても、インターネット上に公開されている、ある特定のメンバーの記事や動画にたどり着くはずです。もし、あなたがその記事や動画に良い印象を持ったら、あなたの中でそのメンバーの評価は上がります。ひょっとするとあなた自身が自分のツイッターでそのメンバーを推したり、SNSのアカウント上で「おすすめ記事」のような形で他の投票者をその動画に誘導するかも知れません。このように、自分の意見は他の人の意見に影響を受けます。簡単に言ってしまえば、良い事が書かれた記事や好意的な動画からは良い印象を受ける、という事です。もちろん、逆もありえて、悪い事が書かれた記事や悪意のある動画からは悪い印象を受けるでしょう。つまり、あるメンバーに対する評価は他の人が表明している評価と同じ方向に引きずられる傾向がある、と言えそうです。

整理してみましょう。まず、投票権を持ったファンは、何のコミュニケーションも取らなければ、それぞれが持つ独自の好みに応じて投票しようとします。これは、票を集めるというよりは、むしろ票を分散させる効果があります。一方で、それぞれのファンは、他のファンが表明している意見に同調する傾向があります。つまり、隣のファンが「Aさんに投票しよう」と表明すると、自分もAさんに投票しようとする傾向がある。これは、票を特定のメンバーに集める効果があります。どうでしょう？　この構造、驚くほど水の例に似ていませんか？

水の時は、水の分子が自由に動いて結合を切ろうとする傾向と、隣の分子と結びつこうとする傾向という二つの傾向がありました。そして、相転移を起こして液体が固体になるときの決め手は、温度がある一定の値よりも小さくなったときに結合が連鎖する「協力現象」にありました。構成要素が違っても、支配する法則が同じなら同じ現象が起きます。総選挙における協力現象はなんでしょう？　ここまで来ればもう明らかでしょう。

「インターネット上に表明されるあるメンバーに対する好印象のコンテンツがある一定の量を超えたときに相転移が起き、そのメンバーに投票する多数のファンの集合が形成される」

これが、一連の考察から導かれる結論です。

少し前に、「正体はわからないけれど『評判』のような尺度があって、それがある一定の値を超えたメンバーには大量の票が集まる」と書きました。その時は、具体的な定義を与えずに「評判」という言葉を使っていましたが、ここまで考えた後なら曖昧だったこの言葉に具体的な形を与えることができます。あるメンバーに対する「評判」は、「インターネット上に公開されている、そのメンバーに関する好印象の記事や動画の数」と定義するのが最もシンプルでしょう（もちろん、もっと良い定義はたくさんあると思いますが）。最初は「似ている」だけだった水の相転移と総選挙ですが、中に隠れている構造にも共通点がありそうです。

理に触れて広がる世界

水を差すようですが、ここまでの話だけで、「AKB48の総選挙の背後には、水が氷になるのと同じ『相転移』の理が隠れている」と結論するのはまだ早すぎます。どんなにもっともらしい論を展開しようと、どんなにその論が説得力を持っていたとしても、「検証」を経ない限り、それはただの机上の空論だからです。もしここで展開した論を本当に検証したければ、過去の総選挙のときにインターネット上に公開された総選挙に関連したコンテンツの内容や、それらへのアクセス数などを詳しく調べて、右で定義した「評判」と実際の得票数の間の相関を統計的に調べる必要があります。

さらに、将来の総選挙の際にリアルタイムで「評判」を調べて、そこから選挙結果を予想してみせる必要もあるでしょう。残念ながら、私はそこまでの検証は行っていませんし、多分、これから行う余裕もないでしょう。ですが、仮にここで展開した論が間違っていたとしても、ＡＫＢ48の総選挙という学問とは縁もゆかりもなさそうな出来事の背後にすら、何らかの理が息づいている、ということは感じていただけたのではないでしょうか。

実際、この章を読む前に「ＡＫＢ48の総選挙」と聞いた時と、理を探しながら掘り下げた今になって「ＡＫＢ48の総選挙」と聞いた時では、受ける印象は随分違うのではないかと思います。それもそのはずで、今や私たちは、水、磁石、交通渋滞、蛍の発光、そして宇宙の始まりなどに加えて、総選挙という社会現象すら、「相転移」という一つの理を通じて眺めることができる立ち位置にいるのです。

総選挙はもはや、理解不可能な若者文化などではなく、ちょうど水分子が手を取り合って巨大な氷を形成するように、または鉄分子が互いの方向を揃えながら整列して磁石を作るように、ファン同士がコミュニケーションを取り合いながらＡＫＢ48という一つの構造を作り出す、協力現象というダイナミックなプロセスとして認識されます。

なぜこのような理解に至れたのでしょう？　この章の論の展開をもう一度思い出してみてください。この章の中で私は、総選挙の詳細を説明するのではなくて、むしろ余分な情報を削っていったことにお気づきでしょうか。

例えば、本来なら、ＡＫＢ48のメンバー紹介をするべきなのかも知れませんが、それは最初からしていません。投票のシステムも工夫されていますが、その説明はせず、むしろ「票を投じる」という一言で済ませました。「評判」の定義も、コンテンツの内容ではなく「コンテンツ数」という単純なものに限定しました。実は、この余分な要素を削る作業こそが理を見出すための一番大切なプロセスです。

「はじめに」でも述べましたが、私は個人的に、このプロセスを「無色化」と呼んでいます。総選挙という巨大なシステムが持つ本質を失わないように余分な「色」を落としていくと、いつしか、水の相転移と同じ構造が見え隠れし始めました。その類似性が本物かどうかを確かめるために、さらに色を落とした結果、協力現象を引き起こすために必要な要素がすべて揃っていることが見えたのです。

無色化すると理がみえる

この捉え方、おそらく、さらに多くのものを見抜く可能性があると私は感じています。例えば、ＡＫＢ48ではなくて、一般の選挙にも同じ見方が使えるかも知れません。その場合、有権者の間のコミュニケーションが行われるのはインターネット上だけには限りませんが、基本的には同じ考え方で票の動向を予測し、場合によってはある程度のコントロールが可能かも知れません。他にも、その年の流行を予測したり作ったりするといった応用も可能でしょう。

このように、無色化を行い、ひとたび理を通じて物事を見ることが出来るようになれば、共通の視点から多くの物事を理解する余裕が生まれます。色がないからこそ、どんな色にも染められるからです。

コンパクトな理解をすると、応用範囲が広がり、心の余裕にもつながります。是非とも身につけることをお勧めしたい技術の一つです。では、無色化の技術はどのように訓練したらいいでしょう？　私は物理の歴史を紐解くのが最適だと考えています。前に書いたように、物理は、人類が自分を取り囲む自然を理解しようと試みてきた足跡そのものです。

「ものには理がある」

この認識もその過程で発見されたものですし、「無色化」も、別に私の専売特許というわけではなく、より良く生きて、より良く理解するために先人が見つけ、伝えてくれた知恵の一つです。そして何より、曖昧模糊とした社会現象に比べて自然現象は対象が明確です。はっきりと認識できる物事の背後に理を見出すことができずに、どうして曖昧なものに理を見出すことができるでしょうか。

福澤諭吉は「学問を志す者は、まず窮理学（自然科学）から始めるべきである」という趣旨の記述を残していますが、これはまさしく、自然科学が対象としている自然現象が、理を追究するのに最適の題材だからです。

そこで次の章からは、眺める対象をもう少し実態の分かりやすい身の周りの現象に移し、その中に潜む理に目を向けることにしましょう。

第２話　それでも地球は動いているか？

単純なものからはじめよう

身の周りの自然現象、と言っても漠然としていますね。本当に自分の周りにあるものに注目するなら、石ころだとか、鉛筆だとか、自動車だとか、いわゆる「物体」を考えるのが良いかも知れません。ですが、身近にある物体は、それぞれ形も違えば色も違う。動いたり止まったり、その運動も見るからに複雑で、少々骨が折れそうです。それに、理を追究するには、対象がはっきりしていて単純なものの方が都合が良いとお話ししたばかりです。

そこで、物体の動きにまつわる理は次の章以降に考えることにして、まずは単純な動きしか見せない（ように見える）、私たちが暮らしているこの大地や、空に浮かぶ星達に注目しましょう。その中で、理を見抜くために大切になる心構えのようなものをお話しできればと思います。

地面とは何だろうか

当たり前ですが、私たちは地面の上に暮らしています。

「地面とは何だろう?」

これは子供が素直に大人に聞いてくる疑問の一つです。なんの知識もない状態なら、これは当然の疑問です。自分は間違いなく「地面」と呼ばれている固い何かの上に立っているのだけど、見渡す限りその地面は続いていて、歩いても歩いても果てがある様子は見えません。ある程度歩くと海に行き当たりますが、大雑把に言って海も大地の一部と考えると、果てがあったとしても、ものすごく遠いところにあるのでしょう。そうかと思って穴を掘ってみても、どこまでもどこまでも土や砂が続いています。

「地面に底はあるのだろうか?」というのも同じくもっともな疑問ですが、たとえ底があったとしても、それはとてつもなく深いところにあるはずです。また、仮に地面の果てや地面の底があったとして、その先はどうなっているのだろう? 疑問は尽きません。

もし子供にこの疑問を投げかけられたら、あなたは何と答えますか? 現代の教育を受けてきた皆さんです。おそらくこう答えるでしょう。

「私たちは地球という大きな丸い星の上に暮らしていて、地面というのはその星の表面なんだよ」

きっと私でも同じように答えると思います。私の親もそのように教えてくれましたし、学校でもそう教わりました。知識を次の世代に伝えていくのは大人の大切な役割です。素直な疑問が子供の口から自発的に出ることは私たち大人にとっての喜びですし、その絶好のタイミングで正しい知識を伝えることが出来たとすれば、輪をかけて喜ばしいことです。

ところで、程度の差こそあれ、子供は概ね無邪気です。分からない事には分からないと言います。こう聞かれるかも知れません。

「ほんとう？」

さて、あなたは答えられますか？　子供は決して「ウソでしょう？」という意味で聞いているのではありません。「どうしてそんなことが言えるの？」という意味です。

改めて問います。あなたは、私たちが球形の星の上に暮らしている事を、ただそう教わったから、というだけではなくて、誰でも納得できる証拠と共に、それを子供に説明出来るでしょうか？　「みんなそう言っているから」というのはなしです。それでは「地球丸い教」という信仰と変わらなくなってしまいます。

実は地面というのは巨大なフライパンに敷き詰められた土の表面で、そのフライパンは巨大なコンロの上に乗っかっているのかも知れません。温泉が湧くのは大地が火にかけられているからで、大地の果てはフライパンの壁で、大地の底もまたフライパン、そしてその向こう側は神様（？）の台所かも知れません。

信念から理解へ

これはいつでも言える事ですが、自分の知識が「理解」なのか「信念」なのかをはっきり区別するのは案外大切です。「理解」とは、根拠となる、より根本的な知識や経験を出発点にして、自分の言葉で説明できる状態の知識です。一方「信念」とは、根拠はなくとも正しいと感じている状態の知識です。

例えば先ほど挙げた「地面は丸い」という知識も、もし根拠のない知識なら、それは信念です。私は信念が悪いとは思いません。実際、直感的な感覚というのは案外侮れないもので、本質を捉えていることも多いからです。ですが、「なぜ私はこれを信じているのだろう？」」と、自分自身を掘り下げるためには、やはりこの区別をしっかりしておく必要があります。

これは自分の「知っている」という感覚を解体して無色化する作業です。この作業は思いの外しんどくて、最初は怒りや苛つきを覚えるものですが、ひとたび信念を理解に昇華させると、その知識は他の知識と有機的に繋がり、自分自身の「理解のネットワーク」の一部になります。ネットワークが広がった分だけ、世界はシンプルになり、同時に深みを増します。このネットワークは自分だけのオリジナルで、誰にも本当の意味で真似することも、ましてや奪うことも出来ません。こうして自らの中に世界を構築していく喜びこそが学問の醍醐味ですし、何より、この本の最終目標である、

「色々なことに振り回されずシンプルに生きる」

ということを実現するためには必要だろうと思います。

話を元に戻しましょう。実は、地面が丸いことを理解するための、現代ならではの簡単な方法があります。衛星写真を見ることです。インターネット上を検索すれば、衛星写真どころか、ロケットが打ち上げられてから衛星軌道に乗るまでの映像や連続写真が見付けられるでしょう。最初は平らに見えていた地面が丸みを帯び、最後には球形の天

体が見えてくる様子がわかります。この映像を信じるなら、私たちが球形の星の上に住んでいるのは一目瞭然です。

ただ、疑い深くある事も大切です。衛星写真は、多くの場合、自分で撮影したものではないので、証拠としては間接的です。しかも、その程度の動画や写真なら画像処理技術で簡単に作れますから、徹底的に疑うのであれば、大規模な捏造だと主張することも（かなり苦しいですが）出来なくはないでしょう。

そして何より、私たちが住むこの地面が丸いことが一般常識になったのは人工衛星が発明される遥か以前の話です。さらに言うなら、もっと昔には、大地は平らだと信じられていましたし、むしろそのように信じられていた時代の方が長いのです。その時代には、親は子供に「地面は平らでずっと遠くまで続いているんだよ」と教えていたことでしょう。日常生活の体感を信じるなら、その方が納得の行く説に思えますが、その認識がある時代を境にがらりと変わったのです。人工衛星の技術に頼ることなく、人々の認識を変えるだけの証拠を得る方法があるということです。

月食が教えてくれること

地面が丸いことを納得する現象の一つは月食です。月食は満月の夜にしか起こりません。丸く見えていた月が円形に欠けて行き、条件が整えば完全に隠れてしまいます。この状態の月は何とも言えない不思議な赤色で、皆既月食と呼ばれます。そして時間が経つと、再び円形の欠けが回復しながら元の満月に戻って行きます。注意深く空を眺めると、満月の時の月は日没と同時に東の空に現れ、夜明けと同時に西の空に沈んでいくことが分かります。つまり、太陽とちょうど反対方向にあることになります。

地面が何者かは分かりませんが、地面と太陽と月は互いに遠く離れていることだけは分かります。そして、太陽が明るく輝く光源であることも明らかです。光が物に当たると光源と反対方向に影ができます。当然、太陽の光が「地面を作っている何か」（しばらくの間「大地」と呼びましょう）に当たれば、太陽と反対側に影を作るはずです。

・満月の時の月は、「大地」から見て太陽と反対側にある
・月食は満月の時しか起こらない
・光が「大地」に当たると太陽と反対側に影が出来る

この条件から、

「月食は『大地』の影が月を隠す現象である」

と結論するのはとても自然なことです。そして、もし「大地」が巨大なフライパンだとしたら、月は取っ手の付いたフライパン形に欠けるはずです（それはそれで見てみたい気はしますが）。ですが、実際には月は円形に欠けます。と言うことは、「大地」は丸いのです。

月を見なくても、「大地」が丸いことを知ることはできます。これは古代ギリシアのエラトステネスという人が紀元前２４０年頃に実際に行った方法ですが、同じ日・同じ時刻に、遠く離れた場所で同じ長さの棒を地面の上に垂直に立てて、影の長さを比べるのです。もしも「大地」が平らなら影の長さは場所によらず同じになりますが、「大地」が丸ければ長さは変わるはずです。さらに、その二つの地点の距離が分かっていれば、「大地」の大きさを見積もることもできます。実際エラトステネスは、影の長さを比べることで「大地」は丸いと確信し、その周長を約４万６０００㎞と見積もっています。

これは現在知られている値よりも15％程大きいですが、それでも驚くべき精度です。

　余談ですが、この当時既に、夏至の日の影の長さが場所によって違う事は周知の事実だったそうです。ただ、その事実と「大地」が丸い事を結びつけるのに少し時間がかかった、ということです。そしてこの実験は、通信技術が発達した現在なら個人レベルで実行できます。ちょうど南北に真っ直ぐ離れた街に住む人に協力をお願いして、テレビ電話でやりとりしながら影の長さを測れば、小学生でも「大地」の大きさを計算できます。夏休みの自由研究の題材にもってこいです。

　他にも、「船は、マストの先から水平線に現れる」など、「大地」が丸いことを示唆する現象はたくさんあります。確かに感覚としては「地面は平らでどこまでも続いている」と言う方がしっくり来るかも知れませんが、それだと月食や影の長さを説明し切れません。むしろ、「大地」は巨大な球体であると考えた方が、他の事実や現象との整合性が良いのです。こういう経緯があって、私たちは、自分が暮らしている地面が丸いと信じるに至ったのです。これまで意識的に使うのを避けてきましたが、これ以後、「大地」のことを安心して「地球」と呼ぶことにしましょう。

「地球は特別」という感覚

今お話ししたことは、「理」を読み解く上でとても大切な示唆を含んでいます。それは、「自分の感覚に頼るだけでは正しい理解には辿り着けない」ということです。もし、「地面はどう見たって平らじゃないか！」という考えに固執していたら、地球という存在には永遠に気付けないでしょう。確かに感覚的には地面は平らです。ですが、仮に私たちが見ている地面が巨大な球面の一部だったとしても、私たちは同じように地面を平らだと感じます。ですから、冷静に考えれば、「地面が平らに感じる事」というのは「地面が本当に平らである事」の証拠にはならないのです。

私たちは、感覚は一度脇に置いて、様々な現象を客観的に観察して、その全てをすっきりと理解する方法を考えることで理を得てきました。ちょっと大げさかも知れませんが、地球は丸いことを理解しているということは、感覚だけに頼らずに、根拠を総合して現象を判断する、という理性を発揮している証拠と言えるでしょう。

蛇足ながらもう一つ述べておきましょう。地球が丸いという認識は、自分たちが暮らす地球という存在が決して特別な物ではないと考える第一歩でもあります。

太陽や月が丸いのは一目瞭然です。それにもかかわらず地球に特別な形を想像するということは、無意識に、自分が住んでいるところは太陽や月とは違う特別な場所なんだ、という意識が働くからでしょう。ですが、地球もまた月や太陽と同じように球体であると分かると、ごく自然に、地球も月も太陽も、空に浮かんでいるとは言え、ありふれた物体に過ぎないのではないか、という発想が生まれます。

天体のように手の届かない物は現実感を失いがちで、ともすれば神格化されます。そういう思考停止を乗り越えて、天体にも物体としての運動があるという考えが生まれて初めて天文学が始まるのです。

星の世界を眺めると

少し話は変わりますが、私たち人類は古くから空を眺めてきました。太陽や月を含むすべての星が東から西に向かって移動し、丸１日経つとほとんど同じ場所に戻ってくることにはすぐに気付きます。ただし、毎日同じ時間に星を見ると、星の位置は昨日の同じ時間の場所から少しだけずれています。つまり、回転の周期は完全に１日ではなく少しだけずれているわけです。そして、そのずれは1年で元に戻ります。同じ日付の同じ時間の夜空は全く同じになるということです。このように、大多数の星は、まるで歯車のように1日周期の回転と1年周期の回転が組み合わさったような動き方をします。

さらに注意深く空を眺めていると、この規則から外れた動きをする星があることに気が付きます。一番の典型例は月です。1日単位の回転に加えて、1ヶ月周期で満ち欠けを起こしながら空を移動して行きます。それ以外にも、星座の中をまるで惑うように独自の動き方で移動していく星たちが肉眼で5個確認できます。水星・金星・火星・木星・土星と呼ばれる、いわゆる惑星です（天王星もギリギリ肉眼で見えますが、惑星と確認されたのは18世紀になってからです。もう一つの惑星である海王星は肉眼では見えず、発見されたのは19世紀半ばです）。

数千個の星の中に、たった5個だけ違った動きをするものがあるのですから、それらはきっと特別な星に違いない。中国では、これらの惑星と五行説の各要素（木・火・土・金・水）を対応させました。日本語の水星、金星、火星、木星、土星はこれが由来です（ただし、中国では呼び名が違います）。

ヨーロッパでは、それぞれの惑星にギリシア神話の神様の名前が付けられました。世界のあらゆる場所で、こうした星々の位置や様子を観測した記録が残っています（不思議なことに、日本では星の精密な記録というのは少ないようです。風土がそうさせるのか、別の理由があるのか、それとも記録が失われているのか、大変興味があります)。この特別な星たちがどうしてそんな特別な動きをするのか、興味が持たれたのは当然の成り行きでしょう。

天動説と地動説、どちらが正しい?

宇宙の成り立ちを説明しようとする試みは世界中に見られますが、後の話に繋げるために、ここではヨーロッパ文化圏での宇宙観に限定して話を進めることにしましょう。最初に人々が採用した考え方は、見た目の通り、すべての星たちが地球を中心に回っているというものでした。いわゆる天動説です。この捉え方はある意味自然なものと言えるでしょう。何か物事を説明しようとするとき、まずは眼に映るものをそのまま素直に採用するというのは正常な判断です。我々人間が暮らしている特別な星である地球が世界の中心であるというこの考え方は、当時ヨーロッパの文化圏を実質的に支配していたキリスト教界からの支持も追い風となり、中世ヨーロッパの標準的な宇宙像になりました。

それに対して、

「宇宙の中心は太陽で、地球は太陽の周りを回る惑星の一つに過ぎない」という、いわゆる地動説を唱えたのがコペルニクスです。この宇宙観では、宇宙の中心は太陽です。地球は、その周りを回る他の5個の惑星たちと同列の一惑星に格下げされます。そして月は、地球の周りを回りながら地球とともに太陽を回っている、と考えるのです。

ここで聞いてみましょう。

あなたは、天動説と地動説のどちらが正しいと思いますか？

私は大学の講義の一番最初の時間に、いつもこの質問をしています。結果は言うまでもないでしょう。これまで、約99・8％が「地動説」と答えました。おそらく、大学生に限らず、現代を生きる人たちに同じ質問をしたら、ほとんどの人は同じ答えを返すでしょう。ちなみに今まで「天動説が正しい！」と声高に主張したのは二名だけでした。理由を聞くと、「星は動いている。私は自分の感覚を信じる」とのこと。皮肉ではなく、本当に素晴らしいことです。

ですが、考えてみると不思議ではありませんか？　質問をしておきながらなんですが、今の世の中で本気で天動説が正しいと主張したら、かなり心配されるでしょう。地動説は、そのくらい現代の常識的な宇宙観です。ところが、ほんの400年ほど前のヨーロッパで「地球は動いている」などと主張したら、心配されるどころか、下手をしたらジユっと火炙りです。地球が宇宙の中心であると言うのは、当時、疑う余地もない常識的な宇宙観でした。一体なぜ、ここまで劇的に宇宙観が変わったのでしょう？　そしてなぜ、当時の人たちは揃いも揃って、天動説などという馬鹿げた説を信じていたのでしょう？　当時の人たちは知識や考えが足りなかったからでしょうか？　それとも、教会に恐怖で支配されていたのでしょうか？

その上で問います。

あなたは、何を根拠に地動説が正しいと思っていますか？

自分の経験や知識をベースに、地球が宇宙の中心ではないことを説明できますか、という問いです。どうでしょう。結構困りませんか？　「星の動きは地動説で説明できるから」というのは答えになっていません。天動説でも星の動きは説明できるからです。日食も月食も実は同様で、天動説でも説明がつきます。自分の中に問いかけて、もし根拠が見当たらないのであれば、その知識は理解ではなく信念です。この場合は直感が働きにくいので信仰に近いかも知れません。そして、もしもその意味で地動説を信じているのなら、天動説を「馬鹿げた説」と断じる根拠はなくなります。このように自分の中を見つめ直すのが「理解」への第一歩です。

天動説は合理的

ここで逆に、コペルニクス以前の人たちの立場に立って、その時代の人たちがなぜ天動説を支持していたのかを考えてみましょう。私たちの常識はひとまず脇において、地球は宇宙の中心であり、決して動かないと固く信じてください。信じましたか？　その状態で、ちょっと変わり者の友人がこう言ったとします。

「実は地球の方が太陽の周りを回っているんじゃないか？」

天動説を信じるあなたはどう反論するでしょう？

真っ先に思いつく反論は、「見ての通り星は動いている。別に地球が動いていると思わなくても、星の方が動いていると考えるのが自然じゃないか」というものでしょう。ですが、これは反論としてはちょっと弱過ぎます。なぜなら、友達が言うように地球が動いていたとしても、星の動きは説明できるからです。おそらく、その友達もそのように再反論してくるでしょう。せっかくなら、もっと説得力を持った反論で徹底的にやっつけたいところです。

こういう状況で有効な戦略は、一度相手の土俵に乗ることです。友人の言う通りだと仮定したら起こるはずの現象を想定して、そんなことは実際に起こっていないことを示せば、友人の主張は間違っていることになります。

地球は人間が住んでいる大地そのものですから、地球が太陽の周りを回っているなら、夏と冬で自分の視点が動くことになります。例えば、あなたの真正面のずっと遠くに木が立っているとしましょう。あなたがそこから右に何メートルか動いた場所から見直すと、その木は真正面よりも若干左にずれた方向に見えるはずです。このように、2点の離れた場所から同じ物体を見ると見える角度がずれます。これは視差と言って、これを使うと、遠くの物体までの距離を正確に測れます。

ちなみに、人間の目が物体までの距離を認識できるのは、二つの目が離れたところに付いているからです。二つの目で見た風景は、実は、視差のためにわずかにずれています。人間の脳は、そのずれから距離を計算しているのです。蛇足ですが、これを逆手にとって、わざとずらした映像を右目と左目に別々に見せて、映像を立体的に見せるのが3D映像の原理です。この理屈と同じように、もし友人が正しいなら、夏の時期の地球と冬の時期の地球は違う場所にいることになります。ですから、例えば北極星の見える方向を夏と冬で比較したら方向がずれるはずです。

ところがどうでしょう？　夏と冬で北極星の見える方向は違いますか？　少なくとも肉眼では違いは分かりません。北極星がどれほど遠くにあるかは分かりませんが、少なくとも肉眼で明るく見える以上、さほど遠くはないでしょう。他の星でも同様です。ですが、コペルニクスよりも後の時代、ガリレオ・ガリレイによって発明された望遠鏡を使った精密測定ですら、夏と冬で星の見える方向に差は認められませんでした。だとすれば、地球が動いているという仮定の方が間違っていることになります。

「地球は止まっているのだから星の見える方向は変わらない」

実にすっきりした説明です。

有効な反論は他にもあります。もし友人が正しいなら、地球は相当なスピードで太陽の周りを回っていることになります。とすると、星からやってくる光は、地球が動く方向に傾いて向かってくるはずです。これはちょうど、雨の中を走ったとき、雨が前の方から降ってくるように見えるのと同じ理屈です。地球が太陽の周りを円運動するということは、地球が動く方向は少しずつ変化して、1年かけて元に戻るということです。ですから、地球から見ると、星の見た目の位置は少しずつ変わって、1年周期の円運動をするはずです。これは、年周光行差と呼ばれます。ところが、この時代の精密測定ではこの現象も見えません。この結果も、地球が動いていると考えるよりも止まっていると仮定した方がすっきりと理解できます。

さらなる反論をあげることもできます。従来の天動説と、新しく発表された地動説を使って、地球から見える惑星の位置を具体的に計算するのです。どちらの説でも大雑把な予測は同じですが、正確に計算してみると、それぞれの説が予想する惑星の動きはわずかに異なります。そして、そのわずかな違いまで考慮に入れると、実際の星の動きをより正確に予言できるのは当時の段階では天動説なのです。

さて、この状況下でもう一度問います。地球は止まっているでしょうか？　動いているでしょうか？　別の問い方をしましょう。

地球が止まっているという説と動いているという説は、どちらが合理的でしょう？　合理的であるというのは、現象を無理なく説明できる、という意味です。

コペルニクス以前の人たちがなぜ天動説を支持したのか、もはや明らかでしょう。当時の観測結果を説明するために、天動説の方が合理的だからです。地球が動いていると仮定すると、視差や年周光行差が観測されなければおかしい。ところが、その時代に出来る最高の精密測定をしても実際の星空には視差は見当たらない。さらに、地球が動いていると考えるよりも、地球が宇宙の中心で止まっていると考える説の方が、より正確に現実の惑星の動きを説明できる。この状況下なら、明らかに天動説の方が合理的です。少なくとも、私がこの時代の科学者（という言葉は当時ありませんが）であれば、間違いなく天動説を支持したことでしょう。天動説は、その時代の人々に認められた立派な「理」なのです。

科学は案外やわらかい

物理に限らず、科学で言う「正しい」とは「合理的である」という意味であることに注意しましょう。私たちは、身の周りに起こる様々な現実をなるべくすっきり説明するために「仮説」を立てます。

「目には見えないけど、実は背後にこんな状況があるんじゃないかな?」

という予想を立てるのです。この仮説こそが「理」の原点です。仮説を立てるのは自由です。どんなぶっ飛んだ発想も許されます。ただし、それによって身の周りに起こるたくさんの現象を誰にでも納得できる形で合理的に説明できなければ、その仮説には価値はありません。また、二つの矛盾する仮説があるとき、その時代に観測された現実をより合理的に説明できる仮説が「正しい」と判断されて「理」に昇格します。

「科学とは真理を追究する学問である」という言い方をすることがありますが、間違いです。科学が追究しているのは真理ではありません。あくまで「合理的な説明」です。少ない仮説で多くの現象が説明できる時、私たちはその仮説に敬意を表して「自然界の理」と呼びます。ですが、どこまで行っても仮説は仮説ですから、時代が進んで観測の精度が上がったり新しい側面が観測できるようになったりすると、その説明は合理的ではなくなる可能性があります。

そういう意味で、理というのは時代によって変わるやわらかなものなのです。さらに言うなら、合理的な説明が一つである必要もありません。科学の知見に基づいた説明は、非常に汎用性のある優れた体系なのは間違いないですが、数ある優れた説明体系の一つに過ぎないくらいに考えるほうが健康的かも知れません。

さて、こうして地動説に対する反論を挙げていくと、現代に生きる私たちですら、地動説に対する信念が揺らぎそうです。逆に言えば、地動説というのは、本来であれば、そのくらい納得し難いものだとも言えます。考えてみれば当たり前で、もし地動説を支持する現象が簡単にわかるようなものなら、私たちはもっと早く地動説に辿り着いていたでしょう。事実、コペルニクスの時代には、天動説は十分に合理的な説明体系でした。この状況で地動説を唱えることがどれほど難しいかわかると思います。となると、コペルニクスは一体何を根拠に地動説を信じたのでしょう。コペルニクス時代の観測技術は、現代の一般人が持つ技術と大差はありません。コペルニクスをして地動説を信じさせた現象は決して難しいものではなく、私たちの身の周りにちゃんとある、ということです。

「コペルニクス的転回」は結構ゆっくりだった

コペルニクスが注目したのは火星です。太陽が西の空に沈む時間に東の空に惑星が昇ってくる時、「その惑星は衝《しょう》の位置にいる」と言います。逆に、太陽が西の空に沈む時間に太陽と同じ西の空に惑星が見える時、「その惑星は合《ごう》の位置にいる」と言います。

火星を毎日観察していると、他の惑星と同じように星座の中を動いていくと同時に、その明るさが周期的に変わることに気がつきます。火星が一番暗くなるのは合の時です。実際、合の時の火星は大体プラス2等級程度の明るさであまり目立ちませんが、衝の位置に来ると火星は大変明るくなり、概ねマイナス2等級程度になります。等級というのは星の明るさを表す尺度で、等級が一つ下がると約2・5倍明るくなるので、衝の時の火星は合の時の火星のなんと40倍近くも明るいことになります。

この現象は天動説で説明できるでしょうか？【図１】（次ページ）を見ながら考えてみましょう。

天動説では、地球を中心として、太陽と火星がその周りを回っています。衝というのは、地球からみて太陽と反対側に惑星が見えるのですから、もし天動説が正しいとすると、火星が太陽の反対側にいる状態です。一方、合は、地球から見て太陽と同じ方向に惑星が見えるのですから、火星が太陽と同じ側にある状態です。さて、この二つを比べて、明るいのはどちらの火星でしょう？　天動説では地球から火星までの距離は変わりませんから、太陽に近い分、合の火星の方が明るく見えそうなものですが、これは現実とは逆です。

では地動説ではどうでしょう？　地動説では、すべての惑星は太陽を中心に回り、火星は地球のすぐ外側を回る惑星と考えられました（今の太陽系像と同じです）。衝の時の火星はどこにあるでしょう？　太陽が中心であることに注意してください。地球から

図 1

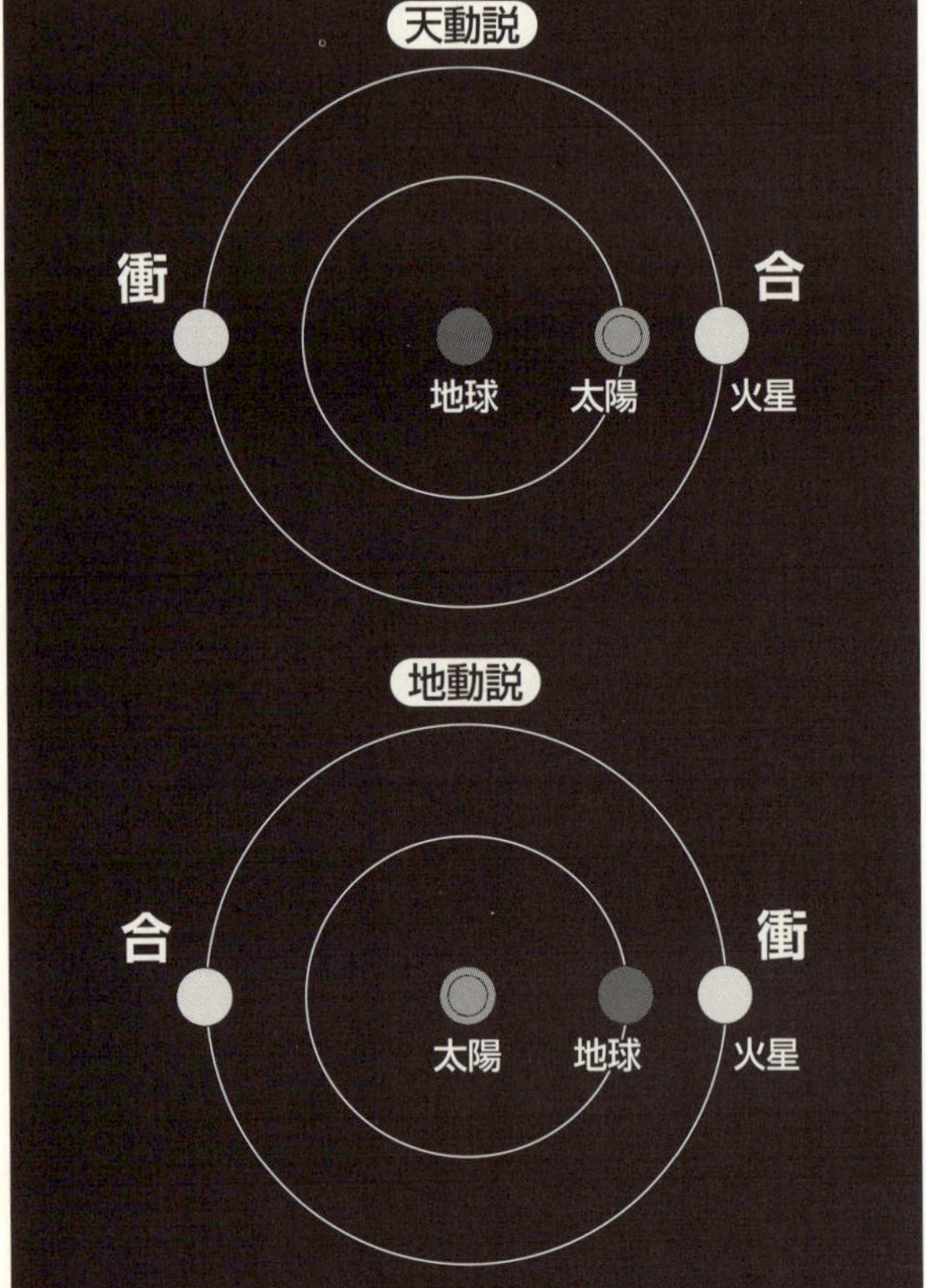

天動説と地動説での太陽・地球・火星の位置関係。地動説では、「衝」の時の火星は「合」の時の火星よりもずっと地球に近い。

見て太陽と反対側に火星が見えるということは、三つの星の並び順は、太陽・地球・火星となります。一方、合の時の火星は太陽と同じ方向に見えるので、地球・太陽・火星のように、太陽を挟んで地球の反対側に火星がある状態です。さて、衝の火星と合の火星のどちらが明るいでしょう？　これはとても素直にわかります。当然、距離が近い衝の時に明るく見えると考えるのが自然です。実際に起こっている現象をきれいに説明できています。

このように、火星の明るさの変化には、衝の時に明るく、合の時に暗い、というパターンがあることに気がつけば、それを天動説で説明するのは非常に難しい反面、地動説ではとても自然に理解できることに気が付きます。これがコペルニクスが地動説を信じた最大の理由です。ですが、だからと言って、「それ見ろ、やはり天動説は間違っていた！」と主張するのは早すぎます。確かに、この現象に限って言えば、天動説よりも地動説の方がはるかに合理的な説明ができますが、それでもなお、視差や年周光行差が観測されないという問題や、地動説よりも天動説の方が予言の精度が高いという問題が残されている内は、地動説の完全勝利というわけではありません。

物事の認識が劇的に大きく変わることを「コペルニクス的転回」と呼ぶことがありま

すが、実際に起きたことは、その言葉から受ける印象とは違います。

コペルニクスが地動説を唱えたのは1543年ですが、それで即座に天動説が否定されたわけではありません。むしろ、しばらくは天動説の方が有利だったのです。ただ、星の位置や動きを観測する精度が上がるにつれて、地動説の方が正確な予言が出来ることがわかり、その結果を受けて徐々に地動説が認められるようになったのです。

ティコは、16世紀の後半に惑星の精密観測を行い、天動説に基づいて惑星の運動を解析しました。そのデータを受け継いだケプラーが、地動説を進化させる形で惑星の運動法則を発表したのが1600年代初頭のことです（ケプラーの発見は後で再登場するので、頭の片隅に止めておいてください）。

また、地球が太陽の周りを回る直接的な証拠として、ブラッドリーが年周光行差を発見したのは1727年、ベッセルが星の視差を発見したのは1838年のことです。

これらの発見にこれほど時間がかかったのはなぜか。それは、星までの距離が思った以上に遠かったのと、光のスピードが思った以上に速かったためです。さらに、地球が1年かけて太陽の周りを回る運動とは別に、1日周期で自転していることをフーコーが巨大な振り子を使って証明したのは1851年のことです（この実験装置は「フーコーの振り子」と呼ばれ、例えば、上野の国立科学博物館に展示されています）。ここまで来ればもう天動説を信じる理由は何もありませんが、そこに至るには３００年の時を必要としたということは覚えておいても良いかも知れません。

地に足をつけて泥臭く

いかがでしょう？「地面は丸いのか」や、「地球と太陽のどちらが動いているのか」など、皆が答えを知っているような問いかけですら、その背後は結構泥臭いと思いませんか？　実は、これこそが私がこの序盤で一番お話ししたかったことです。

科学というのは泥臭いのです。出来上がった後で結果だけを見ると、一部の天才がパパ〜〜っと作り上げたように見えるかも知れませんが、どんな些細な理ですら、それが明らかにされる過程には丁寧な仕事が隠れているものです。

実際、地動説という正しい理解に到達するためには、その時代に可能な限りの精度で星の動きを観測し、それを説明するために仮説を立て、小さくても矛盾があれば新たな仮説を検証する、というプロセスが必要でした。しかも、最初に登場した天動説という仮説は、今の時代から見れば間違っていますが、その時代には合理的な説明体系として正しく機能していたのです。「地球は動いている」という結論はもちろん大切ですが、それは理解の表層に過ぎません。

もっと大切なのは「なぜ地球は動いていると言えるのか」という問いの方にこそあります。その背後に、地に足のついた知識が作る理解のネットワークが広がっているからです。こうした、理が作り出すネットワークこそが科学の本質で、そのネットワークを自分の中に構築して初めて、理は命を得るのだということが、この段階でぼんやりとでも伝われば良いと思います。

大地や星の観察から見える理のお話はひとまずこれで終わりにして、次は、身の周りの「もの」が織りなす現象に話を移します。考える対象は大地や星よりも複雑になりますが、一足飛びの理解などそもそもないということさえ分かっていれば、恐れることはありません。誰もが納得する小さな推論を積み重ねて、話を進めていきましょう。

第3話　「動いている」はどう決める？

フィギュアスケーターに問う

それでは早速、身の周りの「もの」が織りなす理に話を向けましょう。

ここで考えたいのは「動くもの」ですが、理科の教科書のように、「物体が……」とはじめるのは少々興醒めです。せっかくなら華やかで想像しやすい方が良い。というわけで、フィギュアスケートを考えてみましょう。

本来なら立つことすら覚束ない不安定な氷の上で自由自在に動き、ジャンプし、ステップを踏むその華麗な姿は素晴らしいものです。華麗さを作る要素はたくさんありますが、「動きに無駄がない」というのが大きいように思います。例えば、氷の上をまっすぐ滑るという単純な動作ですら、私あたりがやると身体もグラグラで進む方向はジグザグ、そして非常に高い確率で転ぶわけですが、スケート選手にはこのグラグラやジグザグがない。真っ直ぐ滑るために不必要な動きをとことん削って生まれるシンプルさこそが、華麗さの原点です。本当に見事なものです。ここから華麗な動きに潜む理を紐解くのも一興ですが、それは別の機会に譲るとして、今回はもう少し単純に、動くもの一般に潜む理に目を向けることにしましょう。

理を浮き彫りにするときの大原則は、考えている物事の全てに共通する要素だけを取り出して、余分な要素は出来る限り削ることでした。無駄な要素は出来るだけ省いて、単純な物事から考えるのが成功の秘訣です（これが理科の教科書が一見無味乾燥に見える原因でもあるのですが）。

スケートの場合はどうでしょう？　加速、ブレーキ、回転などなど、様々な動きが出来るスケート選手ではありますが、ここは一つ、なるべく単純なスケーティングをお願いすることにします。同じように、氷がでこぼこしていると動きを複雑にしてしまうので、整備したばかりの非常に滑らかなリンクで滑ってもらいましょう。その滑らかな氷の上を、全くスピードを落とすことなく、同じ姿勢のままでまっすぐ滑るという、おそらく一番単純な（ある意味面白くない）スケーティングを考えます。そしてあなたは、観客の一人としてその様子を観客席から眺めているとします。ここであなたにこんな質問をしましょう。

「あなたとスケート選手、動いているのはどちらですか？」

当たり前すぎて答えに困ってしまうかも知れません。答えが返ってきたとしても、まず間違いなく、「何を言っているんだ？ スケート選手に決まっているじゃないか」となるでしょう。そのくらい当然の質問です。では、同じ質問をスケート選手にしたらどうでしょう？ きっと同じように、「そりゃ私（スケート選手）が動いていますよ」という答えが返ってくるはずです。おそらく、誰に聞いても答えは同じでしょう。

同じような状況は日常の様々な場面で見られます。駅で電車を待っている人とその目の前を通過する特急電車、地上で空を見上げる子供と上空を飛ぶ飛行機、停車中の車とその横を走る車などなど、挙げていけば切りがありませんが、どの場合でも、動いているのは後者と考えるでしょう。どんな立場の人から見ても同じように見えることを「絶対的」と言います。私たちの常識では、物や人が動いているかどうかは絶対的に決まっているのです。

「動いているものは動いているし、止まっているものは止まっている。当たり前のことじゃないか」

そう感じるのは当然です。例えば、時速150㎞で飛んで来る野球のボールを手で受け止めたら手が腫れ上がるほど痛いですが、机の上で止まっているボールを手で持つのは何ともありません。日常の感覚としては、動いているボールと止まっているボールは明らかに違う状態です。これ以上議論する意味など何一つないように思います。ですが、今の目的はこの「当たり前」の背後に潜む理を浮き彫りにする事です。ここはもうしばらく我慢して、この「当たり前」をもう少しだけ掘り下げてみましょう。これは学問のプロでもそうなのですが、自分の常識を解体する時が一番辛いのです。

無意識に潜む「当たり前」の正体

あなた（観客）はなぜスケート選手が動いていると判断したのでしょう？　これは何となく想像がつきます。何しろ目の前に実際に動いている人がいるのだから、自分は止まっていて相手が動いている、と考えるのは当然です。

では、スケート選手の場合はどうでしょう？　この場合は少し面白いことが起こっています。スケート選手から見ると、観客は一定のスピードで動いているように見えています。これはちょうど、車に乗っていると景色が後ろに流れるのと同じです。スケート選手もあなたと同じく、目の前で相手が動いているのを見ているのに、「動いているのは自分自身」と判断します。少しおかしいですね？

あなたとスケート選手が同じ常識を共有しているなら、スケート選手は「動いているのは観客」と判断しなければおかしい。にもかかわらず、スケート選手も「動いているのは自分自身」と判断するのです。少しほころびが見えてきました（これが大切なのです）。一体何がおかしかったのでしょう？

勘の良い方はお気づきでしょう。ポイントは「地面」です。気づいているでしょうか？　私たちは日常生活で、地面に対して止まっているものは止まっていて、地面に対して動いているものは動いている、と判断しています。あなたもスケート選手も、お互いだけを見ているわけではありません。当然、地面やスケートリンクも視界に入っています。

よくよく考えてみると、あなたが「スケート選手が動いている」と答えたのは、選手と自分自身を比べたからではありません。選手と氷（地面）を比べているのです。スケート選手も同じです。選手も、自分自身が氷（地面）の上を滑っているのを知っているので自分が動いていると判断するのです。この二人に限らず、誰に聞いてもスケート選手が動いているると答えるのは、選手が地面に対して動いているからです。だからこそ「スケート選手が動いている」というのは絶対的な事実になり得るのです。

これは、「止まって見えるけど動いているもの」を想像するとよりはっきりします。車が2台並んで走っているとしましょう。両方の車には別々の家族が乗っていて、子供たちが隣の車に手を振っているかも知れません。隣の車や中の人は止まって見えますね？　でも、車に乗っている人に聞けば、隣の車も自分の車も動いている、と答えるでしょう。

もうお分かりと思います。私たちは、たとえその物体が止まって見えていたとしても、それが地面に対して動いているなら、「動いている」と判断しています。私たちが無意識の内に「地面」を運動の基準に設定しているのがお分かりでしょう。これこそが、我々が「動いているかどうか」を判断するのに使っている、無意識に隠れた規則です。

ほんの些細なことではありますが、私たちは今、日常で使っている「動いている」という言葉の意味をとても明確にすることが出来ました。常識は日常生活を営む上でとても大切ですが、その常識が一体何に基づいているのかを知ることもまた大切です。これらは両翼なのです。この両方を同時に持つと、日常の風景に深みが出ます。これはとても楽しいことです。先ほども述べたように、常識を解体するのはとてもしんどい作業ですが、そうするだけの価値はあると私は思います。

「止まっている」はどう決める？

さて、「地面に対して動いているものを動いていると呼ぶ」ということは、「地面は絶対的に止まっている」ということでもあります。これは、普段は意識もしないことです。私たちの世界観にあまりに深く根ざし過ぎていて、当たり前になっているからです。

例えば、先ほどの「時速１５０㎞で飛ぶボール」という表現にそれが如実に表れています。この時速１５０㎞というスピードは、よく考えてみれば地面に対するスピードです。ところが「地面に対する」とわざわざ言わなくても意味は通じますし、むしろ、「地面に対して時速１５０㎞で飛ぶボール」などと言ったら少々うざったく感じます。

私たちの感覚が、「運動の基準は地面である」という認識を無批判に受け入れている証拠です。地面が止まっているのが当たり前の価値観で暮らしているので、「地面に対して」という言葉を省略するのが当たり前になっているのです。全人類が「地面は絶対的に止まっている」という仮定を共有しているからこそ、「動いている」「止まっている」という判断は誰が下しても変わらない。つまり、「物が動いている」と言う時、「物」だけではなく「絶対に動くことのない地面」も同時に想定してしまっているのです。

ここで一つ想像力をたくましくしてみましょう。

あなたは今、宇宙空間に一人でポツンと浮かんでいるとします。地球はおろか、他の星も見えないような一人ぼっちの空間です。そんな空間に浮かんでいるあなたの目の前を、リンゴが1個、左から右に一定のスピードで通り過ぎて行ったとします。そしてそのリンゴの上では、なぜかミニサイズの妖精さんたちが酒盛りを開いていることにしましょう（我ながらなんとシュールな……）。

あなたから見ると、妖精さんを乗せたリンゴが左から右に等速で動いて行きます。一方、妖精さんから見ると、自分たちの目の前を右から左に人間が等速で通り過ぎて行くように見えるはずです。

さて、ここで問います。

「動いているのはどちらでしょう？」

もしこれが地球上の運動なら、今まで通り地面を基準にすれば問題ありません。地面に対してどちらが動いているかを見ればよいのです。ところが、今考えているのは星も見えない宇宙空間です。常識を支えている「地球の地面」は存在しません。仮に地球が見えていたとしても、広大な宇宙の中のちっぽけな惑星の地面を運動の基準に据える理由はありませんし、むしろ不自然です。それが許されるなら、あなた自身を基準にしたって良いですし、リンゴを基準にしても構わないはずです。もちろん、地球以外の天体を基準にするのも同様に不自然です。

こう考えると、私たちが常識的に使っている「地面」という基準は、あくまで地上の運動を考える時にだけ意味を持つことに気付きます。私たちはこれまで地上で歴史を積み上げてきたので、その中で培われた常識の中に「地上」という特殊性が織り込まれているのはやむを得ないことです。ですが、私達は既に、この世界が地球だけでないことを知っています。物が動く舞台は地球ではなく、広大な宇宙空間です。地球というのは、その広大な宇宙空間の一部分に過ぎません。それに気がついてしまった以上、物の動きの理は、地球だけでなく、宇宙全体で通用する（と信じられる）理でなければいけません。改めて問います。

「あなたと妖精さん、動いているのはどちらでしょう？」

さて、どうしたらいいでしょう？　何しろ、動いているかどうかを決めるには基準が必要です。ですが、その基準が見当たらないのです。一つの答えはこうです。

「私から見たら妖精さんが動いていて、妖精さんからみたら私が動いているように見える。これは両方とも正しいんだからそれでいいじゃない」

ちょっと気持ち悪いですね。答えから逃げている気がします。

「それはそうだけど、それは要するに分からない、ということだよね？『本当に』動いているのはどっち？」と聞きたくなります。ひょっとしたら、もっと知恵の発達した宇宙人なら決められるかも知れない。大袈裟な話、神様はどちらが動いているか知っているけど、私たち人間はまだそれを決められる段階に達していない、ということかも知れません。

少し見方を変えて、こう考えてみましょう。

「宇宙人にしても神様にしても、もし、どちらが動いているのかちゃんと決まるのだとしたら、それはどうやって決めているのだろう？」

動いているか止まっているかを決められる、ということは、動いている状態と止まっている状態で、何かの自然現象に差が現れる、という事です。つまり、あなた自身は、妖精さんを見ることなく、その物理現象を観測すれば自分自身が動いているか止まっているかを決められるはずです。これは妖精さん側も同じことで、妖精さんがリンゴの上でその物理現象を調べたら、目の前を人間が通り過ぎていくのを見るまでもなく、自分が動いているのか止まっているのかを判定できるはずです。

私たちはこれまで、地面の動きを観察することで「本当に動いている物」を決めてきました。ただ、既に見た通り、残念ながらこの方法は地上でしか意味を持たないものでした。もっと広く、宇宙全体で動いているか止まっているかを決めようとしたら、この方法ではダメです。止まっている時と動いている時で明確に違いの出る物理法則や自然現象を見つけて、それを元に、自分が宇宙の中で動いているか止まっているかを判定する。これこそが次に考えるべきことです。

ここまで来ればやるべきことが見えてきます。止まっている状態と動いている状態で違いが出そうな現象に当たりをつけて、それにまつわる実験を色々と試してみれば良いのです。何しろ現段階では、どこに違いが現れるかわかりません。物を落としてもいいし、ボールを投げてもいいし、棒を振り回すのだって構わない。音を鳴らしたっていい。

あなたと妖精さんが同じ条件で同じ自然現象を観測するのなら何でも構いません（ただし、妖精さんはたとえ酒盛り中でもあなたと同じ実験ができるし、互いにコミュニケーションが取れると仮定しましょう）。その結果を比較して差が出れば、その現象には、止まっている時と動いている時で違う物理法則が働いていることになり、それを元に、どちらが動いているか判定することができます。

ただ、残念なことに、現実にはリンゴの上で酒盛りを開くファンシーな妖精さんはいませんから、この実験は人間がやらなくてはいけません。例えば地上に止まっている人と、等速で動く電車の中で同じ実験をする、というようなことをする必要があるでしょう。さて、結果はどうなるでしょう？

相対性原理

おそらく皆さん経験があると思いますが、加速が終わって、一定のスピードで走る状態になった電車や車の中では、少なくとも体感上は地上で止まっている時と同じように過ごせます。振動すらないような理想的な乗り物なら、ごく普通に立って歩くことができます。窓から見える風景があるから動いているのが分かるだけです。ちょっと極端ですが、もし窓がなくて、外の音も聞こえない状態だったら、あなたは自分が乗っている乗り物が動いているかどうか分かるでしょうか？　少なくとも私には自信がありません。

一定のスピードで走っているなら、物を落としても地上で止まっている時と同じく自分の真下に落ちますし、ボールを壁に投げ当てても同じように戻ってきます。楽器を弾いても、音色は同じでしょう。外を見ないで自分が動いているかを確かめてみろ、と言われても途方に暮れてしまいます。

もっと精密な実験をしたら違いが見えるかも知れない、と考える人もいるでしょう。実は、人類はこれまで、その時代で可能な限り精密な実験を行って、動いている状態と止まっている状態に違いがあるかどうか確かめようとして来ました。結果はこうです。

「一定のスピードで動いている状態と静止した状態でどんな実験をやったとしても、結果は同じである」

これは、これまで数限りなく行われてきた、極めて精密な実験や観測から得られた結論です。ちょっと難しい言葉で言うなら、どうやら、この宇宙に働いている物理法則は、動いていても止まっていても何の変化もないようなのです。法則が変わらないのだから、自然現象も変化しません。ということは、自分が動いているか止まっているかを判定する材料は何もないことになります。もちろん、まだ人類が発見していない特別な方法があって、将来違いが見つかる可能性もないわけではないのですが、少なくとも今の所、それを覆すような結果は得られていません。なので私たちは、これがこの宇宙に成り立つ原理の一つだと考えています。

これは恐ろしいことを意味しています。「動いていること」と「止まっていること」の間に絶対的な区別などない、というのです！

私は最初に、「私から見たら妖精さんが動いていて、妖精さんからみたら私が動いているように見える。これは両方とも正しいんだからそれでいいじゃない」という答えを提示しました。なんとこれが本当に正しいというのです。これ以上どうしようもない。「本当に動いているのはどっち？」という問いは心底無意味で、神様すらどちらが動いているか決められません。というよりも、この宇宙では、動いているか止まっているかなどそもそも決まっていなくて、決められるのはせいぜい、「自分に対して」他のものが動いているかどうかだけ、ということです。

極端な話、次のように言われたとしても、それを確かめる術はありません。

「実は、あなたは今宇宙船に乗っていて、地球から見て秒速１００㎞の速さで宇宙空間を航行中です。あなたの周りに見えている風景は全て宇宙船の壁に投影された精巧なコンピュータグラフィックスなのです」

最初に挙げたスケートの例なら、「観客から見るとスケート選手が動いている」と「スケート選手から見ると観客が動いている」は両方とも正しくて、基準を観客に取るならスケート選手が動いているし、基準をスケート選手に取るなら観客が動いていることになります。実際、観客と氷上をスピードを落とさずにまっすぐ滑るスケート選手が同じ条件で同じ自然現象を観測したら、その結果は全く同じです。

もちろん、（我々がいつもそうしているように）地面を基準に取るという約束であれば、「地面に対してスケート選手が動いていて、観客は止まっている」も正しい事になります。オールオッケーなのです。

つまり、巡り巡って、私たちの常識はこのままで良かったのです。ただし、運動の基準は常に地面である、という認識だけは持っておく必要があって、仮にそれ以外を基準にしても間違いではない、というだけのことです。何となれば、今この本を読んでいるあなた自身が運動の基準でもなんの問題もないのです。なんと自由なことでしょう！

このように、少なくとも今まで行われた精密実験が正しければ、物が動いているか止まっているかは、見る人によって違う相対的な概念だということになります。これは「相対性原理」と呼ばれます（大変紛らわしいのですが、第8話で登場する「相対性理論」とは違うので注意してください）。

この原理の発見者はかの有名なガリレオです。動いている船のマストの上から落とした物体がマストの真下に落ちるのを見てこの事実に気づいたと言われています。物理を勉強したことのある方なら、ガリレオの名前とともに相対性原理の名前を聞いたことがあるかも知れませんが、「つまらない事に大層な名前が付いているものだな」と思われた方も多いのではないでしょうか。何を隠そう、私がそうでした。

ですが、この原理が私たちの世界観に与えた影響は甚大です。普段の生活では、「動いている」と「止まっている」というのは完全に別の状態ですから、ガリレオ以前の人たちは止まっている物を特別な状態と考えて世界を捉えていました（今でもその傾向は残っています）。ですが、もうお分かりの通り、それは無意識に地面を基準にしているからです。

本来、この宇宙には動きの基準などなくて、動いているか止まっているかはそれを見る人によります。当然、物体のスピードも見る人によって変わります。地上にいる人が時速150㎞で飛んでいると思っているボールのスピードも、同じスピードで追いかける人にとっては時速0㎞です。これはどちらも正しい。「このボールは止まっている」「いや動いている」という議論は全く無意味で、「絶対的なスピード」などというものは、この宇宙には存在しません。

ちなみに、宇宙モノのアニメやSFにはよく「相対速度」というセリフが登場します。有名どころでは、

「相対速度を合わせ迎撃体制に移る！」（超時空要塞マクロス 愛・おぼえていますか）

「相対速度コンマ780。良いぞ、その調子だ！」（機動戦士ガンダム）

あたりでしょうか（我ながら偏っていますね……）。

これが相対性原理が当たり前になった世界の速度の表し方です。宇宙船はそれぞれ違ったスピードで飛び回っていて、基準がどこにもない以上、ドッキングしたりランデブーしたりするためには、自分から見て相手がどのくらいのスピードで動いているかが大切、ということです。人類は既に地球以外の景色を当たり前に見られる世界に暮らしていますし、そう遠くない将来、人間が宇宙で活動するのはもっと当たり前になります。その時代には、この言い回しはもっと当たり前になっていることでしょう。

相対性原理の話を終える前に、一つ大切なことを注意しておきましょう。これまであまり強調しませんでしたが、相対性原理で止まっているものと動いているものを比較する時、「動いている」には必ず「同じスピードでまっすぐ進んでいる」という但し書きが付いていることにお気づきでしょうか。このような運動を「等速直線運動」と言います。例えば、電車の中が地上と同じ環境になるのは、あくまで電車が等速直線運動をしている時に限ります。電車が走り出したりカーブを曲がったりすると、中の人は地上に立っている時とは違って「おっとっと！」となりますよね？

相対性原理の議論では、動いている人と止まっている人が同じ実験をしたら同じ結果が出る、という事実が大切でした。もし動いている人が加速したり回転したりしていたら、「物を落とす」という単純な実験ですら両者に違いが出るので、止まっている人と加速や回転をしている人では物理法則が変わってしまい、両者が同等とは言えなくなってしまうのです。加速した人まで含めて物理法則がどうなるか、という方向に話を進めることもできますが、それは第9話まで楽しみにとっておくことにして、しばらくの間は、静止しているか等速直線運動をしている人に成り立つ物理法則に注目していきたいと思います。

相対性原理から慣性の法則へ

　ここで突然ですが、机の上に何か物体が乗っている場面を想像してみてください。ボールでも、ペンでも、キーホルダーでもなんでも結構です。もし目の前に机があるなら、実際に何かを置いてみるのも良いでしょう。

　さてその物体、何もしないのに動き出すことはあるでしょうか？　もちろん、風が吹いたとか、地震が起きたとか、こっそり突いてみたとか、そういうのはなしです。経験的に考えて、それはあり得ないと断言して良いでしょう。仮にあったとしても、それは何かしらの力が加わったから、と解釈するのが自然です。

「止まっているものは、何もしなければずっと止まっている」

　これは、当たり前過ぎるかも知れませんが、私たちが経験から学んだこの世界の理のひとつです。

　この経験則自体は当たり前ですが、相対性原理と組み合わせるととても面白いことがわかります。机やその上においてある物体は地面に対して止まっているとしましょう。そして、あなたは地面に対して一定のスピードで動いているとします。電車に乗っているような場面を想像すると良いでしょう。すると、あなたから見てその物体は一定のスピードで動いています。地面にいる人から見れば物体はずっと止まっているのだから、あなたから見ればその物体は永遠に同じスピードで動き続けることになります。

ところで、相対性原理がありますから、地面に対して止まっている人とあなたの立場は全く同等で、どちらかが特別、ということはありません。ということは、その物体の運動もどちらかが特別ということはなくて、「止まっているものは、何もしなければ、ずっと止まったままでいる」という理が正しいのなら、「一定のスピードで動いている物体は、何もしなければ、その運動をずっと続ける」という理もまた正しいことになります。動いている物は、何もしなければ動き続けるのです！

「いやそれはおかしい、動き始めた物体は、何もしなければ必ずいつか止まるじゃないか」と思う人もいるでしょう。実際、ガリレオ以前の人たちは、そのように考えていましたし、経験からすればその方が自然です。かの偉大な哲学者アリストテレスも、「手を離しても物が飛び続けるのは、周りの空気が押しているからである」という説を提唱しています。ですが、「止まっているものが止まり続ける」というのが正しくて、相対性原理も正しいとしたら、「動いているものは何もしなければ動き続ける」こともまた正しくなければおかしい。「動き出したものは何もしなくても止まる」という経験はどう考えたらいいのでしょう？　相対性原理は間違っているのでしょうか？

結論から言いましょう。「動き出した物体は何もしなくても止まる」という経験の中で、「何もしなくても」の部分が間違っています。もうお分かりですね。動いている物体には、ほとんどの場合、摩擦や空気抵抗が働いているので、本当はそのまま動き続けたいのに、最終的に止まってしまうのです。「何もしていないのに止まる」のではなくて、「何かをしているから止まる」が正しい。

氷の上を滑り出したものはなかなか止まらないのは抵抗が少ないからです。最近では宇宙空間の映像も簡単に見られますから、宇宙空間でボールを投げたらどこまでも同じスピードで飛んでいく場面も容易に想像できます。

「何もしない限り、止まっている物体は静止を続け、動いている物体はそのまま等速直線運動を続ける」

この理は、ニュートンがまとめた運動の三法則の第一法則に収まっていて、「慣性の法則」と呼ばれます。

「慣性」というのは「同じ動きを続けようとする性質」のことです。そういう意味で、「物体は同じ動きを続けようとする性質を持っている」という説明も決して間違いではありません。実際、電車に人が乗っている時、電車の中の人は電車と同じスピードで動いているので、電車がブレーキをかけると、中の人は慣性のために前につんのめる、というのがこの法則のひとつの現れです。そのような理解でも構わないのですが、厳密に言えば、この意味での慣性を理解するには次の章で登場する「質量」の概念が必要ですから、ここでそういう説明をするのは少しフライング気味です。今の段階では、あまり先を急がず、相対性原理と慣性の法則の関係をじっくり味わってほしいのです。実際どうでしょう。

・静止している人と動いている人の物理法則は全く同じである
・止まっている物は、何もせずに動き始めることはない
・動いている物は、何もしない限りその動きを続ける

この三つの理の間の見事な調和を見てください。一つ一つの理が持つ広がりはもちろん、それらが織りなすネットワークの美しさもまた、物理の醍醐味の一つです。

さて、これでようやく、物の運動に欠かせない「力」という存在に目を向ける準備が整いました。相対性原理に加えて力の理を読み解いた暁には、あなたは物体の運動の全てを支配する理のネットワークを手に入れることになります。

物理の金字塔、ニュートンの運動三法則です。

第４話　君は「力」を見たか

それでもみんな動いている

前のお話で見つけた慣性の法則はとても根源的です。大雑把に言って、この宇宙に存在するどんな物体も、何もしなければ動きを変えないと言うのです。ですが周りを見てください。世の中に動きの変わらないものなどあるでしょうか？

ちなみに私は今この原稿を電車の中で書いていますが、吊り革は揺れているし、先ほど転がって来た空き缶は途中で止まりましたし、何より電車自体が動いたり止まったりします。かろうじて、窓の外の建物が等速に動いていますが、それも電車が等速で動いている間だけでしょう。世の中、等速直線運動をしている物体はとても少なくて、ましてや、永遠に等速直線運動をする物体などほとんどありません。物体は絶えず運動の様子を変化させる定めにあるようです。前のお話で辿り着いた結論は一体何だったのでしよう？

　慣性の法則をもう一度眺めてみましょう。

「何もしない限り、止まっている物体は静止を続け、動いている物体はそのまま等速直線運動を続ける」

　もう少し短い言い方をするとこうなります。

「何もしない限り、物体の速度は変化しない」

「速度」というのは物理でよく使う言葉で、スピード（速さ）と進行方向を合わせた概念です。スピード自体が変わる時はもちろん、例えば円運動のように、スピードは変わっていなくても動く方向が変われば、「速度が変わった」と言うのです。等速直線運動というのは速度が変化しない運動のことです。こういう言葉を導入しておくと、短い言葉で正確に理を書き表せるのでとても便利です。

科学者の優しさと〝難しい言葉〟

いい機会なので、少しだけ脱線しましょう。科学者が難しい言葉を使いたがる理由の一つがこの言葉の便利さにあります。科学者という生き物には、物事をなるべく正確に言おうとする習性があります。修業時代にそういう訓練を受けるからなのですが、物事を正確に言うためにはたくさんの説明が必要で、喋る方も聞いている方も疲れてしまいます。そこで、「たくさんの概念がつまった用語」を作って、説明を短くしようとします。こうして作られた言葉が専門用語です。

先ほどの「速度」がまさにそれで、意味がちゃんと分かっている人同士であれば「スピードも運動の方向も変わらない物体」と言うよりも「速度が変わらない物体」の方が短くてすっきりですよね？　専門用語は、日常の言葉と違って意味が明確で、物事を説明する時にはとても便利です。

ここで一つ気をつけて欲しいことがあります。専門用語を耳にした時は、言葉の正しい意味に意識を向けて欲しいのです。「速度」「仕事」「エネルギー」のように、日常生活でも通用する用語には特に注意が必要です。科学の文脈で登場するその手の言葉は、本来とても正確な意味を持っています。そういう言葉を使うのは、決して人を煙に巻きたいからではありません。多くの場合は、正確に理解して欲しいという優しさの発露です。ですから、「あ、この言葉は専門用語として使ってるな」と感じたら、日常の意味はひとまず忘れて、正確な意味を意識するようにしてみてください。きっとより深い理解に触れられるはずです。

一方で専門家は、これは自戒の念も込めてですが、たとえ無意識であっても専門用語を使い過ぎると専門外の人に全く伝わらなくなってしまうことを常々意識しないといけません。幸い、この本ではゆっくりと説明する時間がありますから、多少もどかしいくらいゆっくりと、人類が理を紡いできた足跡を追っていくつもりです。その過程で、専門用語が必要な理由も実感出来ることでしょう。

「力」は結構高度な概念

閑話休題、慣性の法則の話に戻ります。「何もしない限り物体の速度は変化しない」ということは、「物体の速度が変化した時は何かしている」ということです。何をしているのでしょう？　勿体つける必要もないですね。力が働いているのです。

机の上に置いた消しゴムが動き出す場面を想像してみると、指でつついたり、摘んで持ち上げたり、何か別のものが当たったり、ちょっと強めの風が吹いたり。どの場面でも必ず力が働いています。人間でも同じです。スケート選手がターンする時、加速するとき、ジャンプするとき、必ずスケートのエッジを使って氷を蹴ります。身体に力を加えているのです。逆に言えば、氷の上を等速直線運動するときには、スケート選手はその絶妙なバランス感覚で、氷から力を受けないようにしています。私が氷上をまっすぐ滑れないのは、貧弱なバランス感覚のせいですぐに氷から力を受けてしまうからです。物体の速度が変化したということは力が働いた証拠と言えそうです。

ここで恒例の質問です。皆さん、「力」を見たことがありますか？

「よし、俺が見せてやろう！」とばかりに二の腕を盛り上げてくれる屈強な方もいるかも知れませんが、残念ながらそれは力こぶであって力ではありません（力持ちであることは否定しませんが）。

「強い力が働いている」と感じるのはどんな時でしょう？

柔道やレスリングの選手が相手を投げ飛ばした時、空手家が硬い瓦や氷を叩き割った時、ボウリングの球をものすごいスピードで投げた時、などなど、色々な場面が想像できますが、その場面に「力そのもの」は見えているでしょうか？

お気づきと思います。人類は、これまで一度も「力そのもの」を見た事などないのです。「力が働いている」と感じる時に私たちが見ているのは、物体の運動が変化する場面に過ぎません。そして、そういう場面で起きている出来事の共通点は、物体の速度が変化している、ということです。

実際、人が投げ飛ばされたということは、それまで動いていなかった人間がそれなりのスピードで飛んだということですし、物の変形も、それまで特定の場所に収まっていた構成要素が動くために起こる現象です。これはスローモーションで見るとよく分かります。

先ほど私は、「物体の速度が変化したということは力が働いた証拠と言えそうです」と言いました。これは間違いではありませんが、本来は逆です。私たちは、速度が変化している場面を見て、「ああ、この世界には、何かわからないけど、速度を変化させるような作用があるのだな」と感じ、その正体不明の作用に「力」という名前を付けたのです。

正体不明なものに名前を付けてわかった気になっているだけ、というネガティブな言い方もできますが、私は逆に、こういう事が難なく出来るのが人間の持つ能力の一つだと思っています。「力そのもの」は目に見えません。ですが人は、「物の速度が変化する様子」を見て、そこに原因としての「力」を仮想して、あまつさえ、それに実体があるかのように扱うことができます。このように「力」というのは本来とても抽象的な概念なのにもかかわらず、私たちはこんな高度なことを無意識に理解しているのです。見えないものを無意識に想像力で補完して世界を理解しようとする。現在のコンピュータには決して真似できない素晴らしい能力です。第1話で「人気」や「評判」という言葉が登場した時もそうでしたが、本来とても抽象的な概念を当たり前のように使っている例は他にもたくさんあります。それを当たり前の事として使ってももちろん良いのですが、これからすぐにお見せするように、その無意識を敢えて意識することで見えてくるものは思いのほか多いものです。

「動きにくさ」と「重さ」の違い

「力とは、物体の速度を変化させる能力をもつ作用である」

ここまででわかったことを格好良くまとめるとこんなところでしょうか。ですが、少し考えてみると何か物足りません。同じように力を加えても、動きの変化、つまり、速度の変わり方が同じとは限らないからです。

ここでボールを二つ想像しましょう。見た目は両方とも同じ。ただし、片方は中までみっちり詰まった鉄製の球で、もう片方は紙でできたハリボテです。この二つのボールを心持ち強めに押すと、ハリボテのボールはすっ飛んでいくのに対して、鉄製のボールはゆっくりとしか転がりません。私たちは経験的に、同じ力を加えたとしても、重たいものは動きにくくて、軽いものは動きやすいことを知っています。

ところで、これは本当に「重さ」のせいでしょうか？　重さというのは、感覚的な言い方をするなら、手に乗せたときのずっしり感です。もうちょっと正確には、その物体が落ちないようにするために必要な最低限の力、つまり、その物体にかかる重力の大きさです。ですから、重力がなければ重さはありません。実際、完全に無重力の宇宙空間では、物体は宙に浮いているので、物を手に乗せるだけでは何の力も感じません。バネばかりに吊るしてもバネは伸びませんし、秤に乗せても目盛りは全く動きません。無重力状態ではどんな物体も重さを失います。

では、先ほどのボールの実験を無重力の宇宙で行ったらどうなるでしょう？　見た目は同じだけど、片方は鉄製、片方はハリボテという二つのボールを、同じように押すのです。もし、動き方の違いが重さによるものなら、無重力状態には重さはないのですから、二つのボールは同じように飛んでいくはずです。さて、結果はどうでしょう？　ガリレオやニュートンの時代にこれを想像するには少しステップを踏む必要がありますが、今や、個人が見たい時に無重力状態の映像を見ることが出来る時代になりました。すごい時代になったものです。その映像を見ると分かりますが、力を加えた時の動きにくさは地上と同じく、物によって違います。先ほどの例なら、ハリボテのボールはすっ飛んで行き、鉄製のボールはゆっくりしか動きません。

考えてみると、もしこれに違いがなかったら大変です。宇宙飛行士が滞在している宇宙船も、小さな部品も、同じ力を加えたら同じように動くのだとしたら、宇宙船は飛行士が蹴っとばすだけで宇宙の彼方にすっ飛んで行ってしまうでしょう。極端なことを言えば、地球は宇宙に浮かんでいるボールですから、人間が地上でジャンプするだけで、地球は大きく動いて大地震が起こってしまいます。そんなことは実際には起こっていませんから、やはり、物体の動きにくさを決めているのは重力ではなく、その物体が持っている何か独自の性質、ということになります。物体はそれぞれ独自の「動きにくさ」という量を持ち合わせているのです。

いつまでも「動きにくさ」と呼ぶのは冗長ですから、これに名前を付けて「質量」と呼ぶことにしましょう。動きにくさというのは速度の変化のしにくさですから、別の言い方をすれば、運動の状態を保とうとする度合い、とも言えます。前にも登場しましたが、運動の状態を保とうとする性質のことを「慣性」と呼びます。ですから、質量は慣性の強さを表すとも言えます。それを強調するために、物体の動きにくさのことを「慣性質量」と呼ぶこともあります。

「質量」はかなり高度な概念

「質量」という言葉はもちろんご存知と思いますが、先ほどの力と同様、質量そのものを見ることは絶対に出来ません。唯一できるのは、実際にその物体に力を加えて、その物体の速度が変化する度合いを見ることだけです。質量が大きい物体と言うのは、力を加えてもなかなか動かない物体です。逆に質量が小さい物体と言うのは、力を加えるとあっという間にどこかにすっ飛んで行ってしまうような物体です。その速度の変わり方を見て、「ああ、この物体は質量が大きいな」と分かるのであって、「質量」という何かを直接見ているわけではありません。ましてや、「なぜ質量があるのか」という問いには、この段階では決して答えることは出来ません。私たちがしてきたことは、あくまで身の周りを眺めることだけです。

人類は、身の周りに起こる様々な運動の様子を観察して考えました。

「ああ、物体に『動きにくさ』という性質が備わっていると考えると、今まで見てきた運動の様子が全部説明できるぞ！　ということは、目には見えないけど、あらゆる物体にはこの『動きにくさ』というやつが本当に備わっているに違いない。よし、ならば名前を付けよう。『質量』だ！」

こんな思考を経てこの概念に到達したのです。当たり前に思っていた言葉の裏にも、人類が自然界を理解しようとしてきた歴史が詰まっているのが分かります。その言葉を使う時、人はその歴史を一気に駆け抜けます。こんなところにも、無意識に使っている高度な概念が隠れていた、という訳です。

ここで一つだけコメントを残しておくことにします。話の出発点にもなったように、「重い物は動きにくい」というのが、地上で暮らす私たちの日常の感覚です。新しく登場した言葉を使うなら、「重たいものは慣性質量が大きい」ということです。すでに説明した通り、重さというのはその物体に働く重力の強さ、一方で、質量とはその物体の動きにくさです。ですから、私たちの経験はこんなことを告げています。

「動きにくいものには強い重力が働く」

動きにくさと重力の間には全く何の関係もないように思えますが、なぜこんなことが起こるのでしょう? 実はこの話、この本の最後のあたりに登場する理の重要な鍵になります。ですが、それを語るにはまだ準備が足りません。頭の片隅に置きつつ、その時を楽しみにしていてください。

「銀の理」から「金の理」へ

ここまでで私たちは、速度の変化に関して二つの理を見つけました。

「力とは、物体の速度を変化させる能力をもつ作用である」

「物体には、動きにくさに相当する『質量』という性質が備わっている」

これらは次のように一つにまとめられます。

「物体の速度の変化は、加える力が大きいほど大きくなり、物体の質量が大きいほど小さくなる」

自分の周りを眺めると、実際にその通りのことが起こっています。例えば、目の前に椅子があると思ってください。油をよく差した滑らかに動くキャスターが付いていればベストです。その椅子をそっと押すと、椅子はゆっくり走り出しますし、思い切り押せば勢いよく走り出します。力の大小がそのまま速度の変化に反映していますね。速度がスピードだけでなく、方向の変化も含む事を見たければ、走ってくる椅子を横から押す場面を考えると良いでしょう。うまい方向から押せば椅子のスピードは変わりませんが、思い切り押せば押すほど椅子の軌道は大きく外れます。「方向」という意味の速度の変化も、加える力の大きさに応じてその変化量が変わるのです。そしてもし、その椅子に何か重たい荷物が載っている状態で同じ事をしたら、たとえ同じ力で押したとしても速度の変わり方は小さくなるでしょう。これが、この理の後半、「物体の速度の変化は、物体の質量が大きいほど小さくなる」の内容です。

もう一つ面白いのは、この法則に矛盾するような運動は一つも起こっていない、という事です。身の周りに、弱く押せば押すほど勢いよく走り出すような出来事はあるでしょうか？　質量が増すほど動きやすくなる物体があるでしょうか？　おそらく一つも見当たらないと思います。これが自然界の根底に流れる理の面白いところで、どうやらこの世にあるあらゆる存在は、例外なく自然界の理に従っているようなのです。

人間が定めた法律はその気になれば簡単に破れますが、自然界の理はどうやっても破れないようです。なぜ自然界に理があるのか。自然科学は自然界に理がある事を前提にしているので、この問いに答えることは原理的に出来ませんが、本当に不思議なことです。

ところで、このままでも十分に役に立ちそうなこの理ですが、曖昧な点が二つばかり含まれています。そして、この曖昧なところを解消すると、この理の価値は銀から金に変わります。次にその様子をお話ししましょう。

曖昧な点の一つ目は「物体の速度の変化」の部分です。変化というのは、ある物事がそれまでとは違う状態になることを言いますが、その変化にどのくらいの時間がかかるかも大切な要素です。

例えば、時速28㎞で走っていた車が時速100㎞になったら、速度の変化は時速72㎞です（こんな中途半端な速度を考える理由はのちほど分かります）。これだけなら何も曖昧な事はないのですが、問題は、この変化がどのくらいの時間の間に起きたかです。この時速72㎞の変化は、1秒間の間に起きた変化かも知れないし、10秒間かかったのかも知れない。右のような言い方ではこれは判断できません。しかも、この違いは力の大きさにも関係しそうです。自動車を1秒間で時速72㎞も速くするためには、恐ろしく強力なエンジンが必要です。つまり、とんでもなく大きな力がかかっているということです。

一方、この変化に10秒かけて良いなら、普通の乗用車に付いているエンジンで十分でしょう。実際、高速道路に乗ろうとする時の加速は大雑把に言ってその程度です。ですから、力と関係するのは単純な「速度の変化」ではなく、「ある一定の時間内に起こる速度の変化」と言う方が正確です（もしピンとくるなら「速度の時間変化率」と言っても構いません）。この概念を「加速度」と呼びます。ここで挙げた例なら、１秒間に時速72㎞増える時の加速度は、10秒間に時速72㎞増える時の加速度の10倍大きい、という事になります。そして経験的に、大きな加速度を生じさせるためには大きな力が必要、ということが分かると思います。

ややこしい時は単位を使おう

ここで「加速度」という新しい用語が出て来てしまいました。しかもその意味は「ある一定の時間内に起こる速度の変化」という、いかにも面倒くさそうな概念です。ですが、実はこれまでも同じ考え方を何度も使ってきたのにお気づきでしょうか。それは速度です。例えば時速１００㎞というのは、もしそのスピードで1時間進んだら１００㎞の距離を進める、ということです。つまり、速度というのは、

「ある一定の時間で起こる位置の変化」と言い表す事ができます。「速度」が「位置」になっただけで、基本的な構造は加速度と同じですね。

これほど似た概念にもかかわらず、速度は直感的に分かっても加速度が直感的に分からない、という人は案外多いと思います。その原因の一つは、速度の表し方にあると私は考えています。日常的によく使う「時速〇〇km」という言い方は便利ですが、加速度を表す同じような言い回しはありません。その意味で、この言葉遣いはあまり適用範囲が広くありません。

この手の言葉の問題を解決するために編み出されたのが「単位」です。科学の世界では、時速１００kmと言いたい時は100［km/時］と書きます。この［km/時］が単位です。「km」は言わずと知れた距離の単位「キロメートル」、「時」は「時間」の省略形、「／」は「毎《まい》」と読みます（英語の"par"の日本語訳です）。そして単位は［…］で囲む習慣があります。読み方は「１００キロメートル毎時」。

もちろん、これは感性や慣れの問題ですし、「時速１００km」という表現は今後も頻繁に使いますが、100［km/時］という書き方を見た時に、「1時間に１００キロメートル進むんだな」という感覚を持っておくと、ものの見え方が広がります。お勧めです。

単位が便利なのは、加速度のような別の概念も同じ様式で書き表せるからです。加速度は「同じ時間で起こる速度の変化」という概念です。1秒間に72［km/s］だけ速度が変化すると言う考え方をそのまま単位にすると、72［(km/時)/秒］となります。

このままでもまあ間違いではないのですが、時間を表すための単位として「時間」と「秒」を一緒に使うのは混乱を生むので、統一した方が良さそうです。速度の変化を見るために1時間も使うのはちょっと長すぎますから、ここは1秒に揃えましょう。1時間は３６００秒ですから、1時間に72［km］進むと言うことは、1秒間に進む距離は72÷3600［km］、つまり、20［m］です。ですから、この加速度は20［(m/秒)/秒］となります。読み方は、「20メートル毎秒毎秒」です。もし秒を2回書くのが面倒くさければ、20［m/秒^2］と書くこともできます。読み方は同じです。

ちなみに、最初に中途半端な速度に設定した理由は、この数字をシンプルにしたかったからです。単位を付けると、その数字が何を表しているのか一目で分かります。その意味ごとに新しい言葉を作ることもできますが、それでは何百種類もの言葉を作らなければいけません。物事は出来るだけ単純にした方が良い、という経験がここにも生きています。

加速度と質量と力の調和

話を元に戻しましょう。これまで曖昧だった「物体の速度の変化」は、「物体の加速度」というしっかりしたものになりました。これは数字で表せる概念ですから、測定も出来るし、誤解なく使うことができます。私たちが見つけた理は、このようになりました。

「物体の加速度は、加える力が大きいほど大きくなり、物体の質量が大きいほど小さくなる」

こうして書くと、もう一つの曖昧な点が見えてきます。そう、「大きくなる」とか「小さくなる」のような言い方です。

加速度は今や数字で書けます。また、力の大きさはバネのような道具を使えば正確に測れますし、物体の質量も秤を使えば分かります（質量が重力を使って測れることは経験的に分かっていることにします）。

では、例えば力の大きさが2倍になった時、加速度は一体どのくらい大きくなるのでしょうか？　2倍でしょうか？　それとも4倍でしょうか？　また、物体の質量が2倍になった時、加速度は半分になるのか4分の1になるのか、このままでは全く分かりません。ひょっとしたら、その変わり方は物体によって違うのかも知れず、だとしたら、運動に関係した別の理がまだ潜んでいることになります。

これを知るには実験で確かめるのが一番です。自然界に起こる現象を漫然と眺めているだけでは、中々正確な理を摑むことは出来ません。なるべく単純な状況を人工的にセッティングして、その状況で起こる自然現象を観測し、その結果から現象の背後に潜む法則性を見抜くのが実験です。ここにも無色化の精神が息づいています。今の場合なら、摩擦の影響をなくすために滑らかに動く台車を用意して、質量の分かっている重りを乗せて、バネばかりで力の大きさを測りながら一定の力で引っ張るのが一番シンプルでしょう。

引っ張る力の大きさや重りの種類や質量を変えながら、台車の加速度を測定すれば、力の大きさ、物体の質量や種類を変えた時に加速度がどのように変わるのかを確かめることができます。この実験は、その気になれば家でもできますから、実際に試してみるのも一興でしょう。

残念ながら書籍というメディアが持つ限界のために実験の様子を実際にお見せすることは出来ませんが、丁寧に実験を行えば、誰がやっても次のような結果になります。

1　物体の加速度は、その物体にかかる力の大きさに比例する
2　力が一定であれば、物体の加速度は物体の質量に反比例する
3　質量が同じ物体に同じ力をかけるなら、生じる加速度はその物体の種類によらない

つまり、物体にかける力が倍になると加速度も倍になって、物体の質量が倍になると加速度は半分になる、ということです。しかも、その様子は物体の種類が変わっても全く同じ、というのが強烈です。例えば人間の身体の使い方は人によって全然違いますが、力と加速度の関係には物体の形や色などの個性は全く影響せず、「質量」という属性だけが関わるというのです。何ともシンプルな事です。

実験による検証を経てより精密な形に生まれ変わった理は次のようになります。

「物体の加速度は、加える力に比例し、物体の質量に反比例する」

余談ですが、「力」という概念も、「速度」と同じように大きさとその方向、という両方の属性を持っていますから、この法則には、

「力の方向と加速度の方向は同じ」

という意味も同時に含まれていることに注意してください（これもまた専門用語ですね）。これが、ニュートンの運動三法則の第二法則、別名「運動方程式」です。

運動方程式と言うと、F＝maという式を見たことがある方も多いでしょう。そして、この式に悩まされた方はさぞかし多いと思います（笑）。ですが、最終的に辿り着いた文章はこの式と全く同じ内容と言うことにお気づきでしょうか。実際、F＝maという式の中で、Fは「力（force）」、mは「質量（mass）」、aは「加速度（acceleration）」を表しています。全て英単語の頭文字ですね。となると、この式は言葉に直せます。少し変形した式、a＝F/mを言葉にすると、

「加速度は、力を質量で割ったものに等しい」

となりますが、要するに、

「加速度は、力に比例して、質量に反比例する」

と同じ内容です。これは我々が最終的に辿り着いた理そのものです。

私は、数式で表したから偉いとは全く思いません。なぜなら、今お見せしたように、数式は言葉だからです。数式を使うメリットは、大量の内容を短くシンプルに表せることと、数学で培われたロジックが応用できる事です。これはとても大事なことではありますが、数式で書くことと理が腑に落ちることとは全く次元の違う話です。高校の物理の授業を経験したせいで、難しい公式を覚えて訳の分からない計算をするのが物理、と思ってしまうのはやむを得ないことかも知れませんが、これまでも見てきたように、小さな理を一つ一つ積み重ねて、それらが有機的に繋がった理解の体系そのものが物理です。そうして見ると、小さな数式一つの中にも人類が自然界を眺めてきた歴史がこれでもかと言うほど詰まっているのが分かると思います。どうでしょう？ 「F = ma」が少し愛おしく見えたりはしませんか？

「あの星まで物を投げてください」

ところで私は先程、「曖昧なところを解消すると、この理の価値は銀から金に変わります」と言いました。この形になった理にどれほどの価値があるのでしょう？ 答えは「莫大な価値がある」です。

なぜなら、この法則を手に入れた今、物体に働く力の様子さえ分かれば、その物体がいつ、どこに、どのくらいのスピードでたどり着けるかを完全に知ることが出来るからです。

実際、力の様子が分かれば、この理から、物体の加速度が完全に分かります。加速度が分かれば、先程速度の変化から加速度を求めた計算を逆に辿ることで、何秒後にどのくらいの速度に達するかが分かります。そして速度が分かれば、何秒後にどこにいるかも計算できます。そして実際にやってみると、物体はまるで手品のようにその通りに動くのです。

例えば、夜空を見上げると、星座を作る星々とは別に、月や惑星が見えます。特に木星などは明るいので見分けられる方も多いでしょう。それらは比較的地球に近い星ですが、「あの星まで物を投げてください」と言われたらどうでしょう?

もし私たちが運動の法則を知らなければ途方に暮れるしかありません。ですが、運動の理を知った今、状況はそれほど悲観的ではありません。必要な情報は、目標になる星がどこにあって、空気抵抗と重力が投げようとしている物体にどのくらいの力を及ぼすのか、です。これさえ分かれば、原理的には、物体をどのくらいのスピードでどの方向に放り投げたらその星まで到達できるかわかります。そして、そのスピードを実現するための仕組みさえ作れば、私たちは星まで物を飛ばせます。なんの事はない。こうして生まれた道具がロケットです。

考えてもみてください。私たち人類は、既に人間を月に送り込む能力を持っています。また、太陽系を回る他の惑星のすぐ近くまで人工物を飛ばして、あまつさえ、その生写真を撮影して地球に送る、などという離れ業を成し遂げています。この偉業を支えている理こそ、私たちが今辿り着いたニュートンの運動第二法則、すなわち運動方程式です。

こんな大げさな話に限らず、この法則は、慣性の法則と同様、宇宙に存在するどんな物体にも等しく成り立ちます。「地上にある物」とか「石で出来ている物」とか、そんな制限は付きません。本当にあらゆる物体に適用できます（正確に言うと、原子くらい小さいものになると別の理が顔を出すのですが、それはまた別の機会に）。

これは本当にすごいことです。何しろ、この理を知った今、実際の計算は複雑であるにせよ、原理的にはあらゆる物体の運動を予言できる能力を持ったことになるからです。例えば、ニュートンが生まれる前にガリレオが見つけていた、落下の法則や振り子の法則といった、特定の状況で起こる運動のパターンは、全て運動方程式から導かれてしまいます。この法則はそれほどまでに包括的なのです。

私たちはいつの間にこんなすごいところに辿り着いたのでしょう？　少し長い旅でしたから、ここに辿り着くために歩んだ軌跡をダイジェストで思い出してみるのは無駄にはならないでしょう。

出発点は動いている物と止まっている物の比較でした。私たちの無意識には「動きは地面を基準にする」という思い込みがある事を浮き彫りにすることで、逆に運動の基準を考える必要が出て来ました。そして、等速直線運動という、運動の中でも最も単純なものを考えた結果、私たちの宇宙には速度の基準など存在せず、実は全ての運動は相対的である、という理に辿り着きました。これは、何もしない限り物体の速度は変化しない、という理を導きます。逆に言えば、物体の速度が変化する時には何かをしていることになります。この思った以上に抽象的な概念が「力」です。同時に、物体には「質量」と呼ばれる、動きにくさに相当する固有の性質が備わっている事も分かります。これまた、通常思っている以上に抽象的な概念です。この二つの概念を組み合わせ、単純化した状況での実験を経ることで、私たちはついに運動方程式に辿り着いたのでした。

いかがでしょう。こうして眺めてみると、行ったのは次の二つです。

1　無意識に仮定している思い込みを浮き彫りにする
2　無駄な要素は出来る限り削り、状況を単純化して考える

まさしく、繰り返し述べてきた「無色化」にほかなりません。思い込みを浮き彫りにすると言うことは、その思い込みから自由になれるという事でもあります（何に縛られているかも分からずにそこから自由になることは出来ません）。

こうして広がった新しい視点の下で、無駄な要素を出来る限り削り、物事を無色化して行きます。削れば削るほど、残る要素は広い範囲の物事に共通しているのは道理です。そして、最後に残った「芯」を支配する理に辿り着いたならば、それはあらゆる物事を支配する、極めて適用範囲の広い理になります。ここまで来れば、現実の世界に無数にある色の付いた自然現象を、「理」という確固とした視点から眺めることができます。

今の例なら、現実の物体がどんな形をしていようと、どこに置かれていようとも、「運動」という要素を見る限り、それを支配しているのは質量と力だけです。私たちは、それぞれの物体が持っている個性に惑わされることなく、その物体の運動を慣性の法則と

運動方程式を使って知ることができます。

このように、本来は自然現象の中に潜む理を紐解くために発展してきた無色化の方法ですが、この考え方自体は非常に応用範囲が広そうだと思いませんか？　何か新しい事を学ぶときに大事なのは、最短ルートで学べるものから始めることです。そして無色化を学ぶなら、その最短ルートは間違いなく物理です。本物の物理を学んで、無色化の技術をモノにして、一人一人が人生を楽しんで欲しい。これこそが私が、大学で物理を教え、この本を書いている理由です。

あらゆる力を支配する理

話としてはここで終わっても構わないのですが、ニュートンの運動三法則といいながら、第二法則で話を終えるのは少々収まりが悪い。整理体操がてら、簡単に第三法則に触れてこの章を終えることにしましょう。

実は、特に運動方程式の中で置いてきぼりになっていた概念が一つあります。「力」です。繰り返し述べたように、力とは、「物体の速度を変化させる能力のある作用」

という抽象的なもので、その正体については何も触れられていません。一体、力とは何者なのでしょうか。

運動方程式に辿り着いたニュートンがこの点を疑問に感じたのは当然のことでしょう。まず、どんな種類の力にしても、力が働くためには必ず二つ以上の物体が必要、という点に注目しましょう。力には、接触して働く力もありますし、磁石のように物体同士が離れていても作用する力もありますが、例外なく、「力を与える物体」と「力を受ける物体」が存在します。一つの物体に勝手に働く力などないのです（重力は一方的に働くじゃないか、という方がいるかも知れませんが、地上で重力を与えている物体は地球です）。

例えば、お相撲さんが私を突っ張りで吹っ飛ばす場面を考えましょう（想像したくもありませんが……）。この場合、お相撲さんが「力を与える物体」で、私が「力を受ける物体」となります。

ニュートンの運動第三法則とは、次のような内容です。

「物体Aが物体Bに力を及ぼす時、必ず同時に、物体Bは物体Aに力を及ぼす。そして、この二つの力は、大きさが等しく、向きは逆向きである」

つまり、一つの物体からもう一つの物体に一方的に力が作用する事はなく、ある物体が「力を与える物体」になる時には、その物体は同時に「力を受ける物体」にもなっている、ということです。これは別名「作用・反作用の法則」と呼ばれ、この世に存在するあらゆる種類の力に対して成り立ちます。

この法則の例は幾らでも挙げられます。例えば、あなたが壁を押すことを考えましょう。あなたは「力を与える物体」、壁が「力を受ける物体」です。ところが、壁を押すと、押しているのはあなたなのに、あなた自身が壁に跳ね返されます。速度が変化したのだから、紛れもなくあなたには力が働いていて、この力は壁から来ているのは明らかです。つまり、あなたは「力を受ける物体」、壁は「力を与える物体」でもあるのです。

これは私が大学時代に一人暮らしを始める際に実際に体験した出来事ですが、回転する椅子に乗って、天井のソケットに電球を取り付ける場面を想像してください。私が電球に力を加えて回すので、私が「力を与える物体」、電球が「力を受ける物体」です。

ところが、実際に回そうとすると私自身が回ってしまい、一向に電球が取り付けられません。作用・反作用の法則のために、私が電球を回そうとすると同時に電球が私を逆回転させる方向に力を及ぼしたからです。つまり、私が「力を受ける物体」、電球が「力を与える物体」でもあるのです。

もう一つ、想像上の例を挙げましょう。あなたは今、船外活動のために、宇宙船から離れた宇宙空間に浮かんでいるとします。ところが、何かの拍子に命綱が切れてしまいました。持ち物は手持ちの工具一つだけです。宇宙空間には空気がありませんから、いくら泳ぐまねをしても（アニメのルパン三世のように）宇宙空間を進むことは出来ません。さて、あなたはどうしたら宇宙船に戻れるでしょう？　答えはこの章の最後に書きますので、是非考えてみて下さい。

重い人は強いのです

ところで、この法則が正しいとしたら、先程のお相撲さんの例はおかしくないでしょうか？　作用・反作用の法則のために、私がお相撲さんから受けた力と同じ大きさの力がお相撲さんにも加わっているはずなのに、なぜお相撲さんは動かずに私だけが吹っ飛んで行くのでしょう？

「お相撲さんは重たいから」というのは間違いです。なぜなら、お相撲さんの体重はどんなに重くても私の3倍以下ですから、私を吹っ飛ばす程の力が働けば必ず速度が変わるからです。お相撲さんだけが動かない説明にはなりません。

答えは、お相撲さんは、自分に加わった力（反作用）を足と地面の間の摩擦力で相殺しているからです。反作用と摩擦力を合わせれば働く力は実質ゼロなので、お相撲さんは動きません。一方、私が生み出せる摩擦力はたかが知れていますから、私だけ吹っ飛ぶというわけです。逆に言えば、もし私がお相撲さんと同じくらいの摩擦力を地面との間に生み出せるとしたら、お相撲さんの突っ張りを食らっても動かずに耐えられることになります。摩擦力の大きさを決めているのは地面から垂直に受ける力（垂直抗力と言います）ですから、何らかの方法で地面を真下に押す力を強くする必要があります。体重を重くする以外に方法があれば良いのですが、なかなか難しそうです。

最後に、一つだけコメントを残してこの章を終えましょう。この法則は、どんな力にも成り立つすごい法則ではあるのですが、実は経験則です。つまり、「色々な力があるけど、どれを見ても同じ性質があるな……」というだけで、なぜこの世にこんな法則があるのかについては何も言っていませんし、ニュートンの時代には明らかではありませんでした。

実は、現在では理由も分かっています。作用・反作用の法則の背後にあるのは空間の一様性、すなわち、「物理法則は場所を平行移動させても変わらない」という、私たちの空間が持っている最も基本的な性質です。このことを分かりやすく説明することはできますが、そのためには、運動量や対称性、保存量という新しい概念を幾つか準備する必要があります。さらに「力とは何者か」という問いに、現在分かっているところまで答えようとすると、整理体操どころか本が何冊か書けます。内容も、ニュートンの運動三法則の範囲を大きく超えて、最終的には素粒子論の話をしなければいけなくなります。そうしたい衝動に駆られなくはないのですが、残念ながらそこまでやるとこの本の趣旨を大きく外れてしまいますので、この話はここで終わらざるを得ません。

「それなら言わなければ良いだろう!」

という声が聞こえてきそうですが、そこはあれです。本当は書きたいことをぐっと我慢しているけど、やっぱり入り口だけでも見せたいという物理屋魂の顕れと思って、ここはひとつ大目に見ていただければ幸いです。

最後にクイズの答えです。宇宙を独りで漂うことになった場合、手持ちの工具を宇宙船と反対方向に投げれば良いのです。すると、工具に加えた力の反作用で、自分の身体は宇宙船の方に移動します。でももし、何も手に持っていなかったとしたら……それだけは考えたくありません。

第5話　石ころが語る宇宙の理

親が子に伝える「じゅうりょく」

これまで、身の周りに起こる現象から、物体の運動を支配する最も根源的な法則に辿り着ける事を見てきました。それと同時に、普段当たり前のように使っている、力、質量、重さ、エネルギーのような言葉は、元々は物理に端を発した、思いのほか抽象的な概念であることを感じていただけたと思います。

ところが、私たちは普段、運動の法則なんて大げさなものは意識せず、こうした慣れ親しんだ言葉をごく当たり前のように使っています。大きな石を押して動かなければ「この石は重たい」とか「この石は質量が大きい」と言いますし、その石を誰かが動かす様子を見れば「力が強い」と言います。元は抽象的な概念でも、長い時を経て、私たちの意識の根底にしっかりと根付いたからです。もしこうした言葉を知らなければ、同じ場面を見ても全く異なる表現をするでしょうし、世の中の観え方も随分と違うことでしょう。そういう意味で、物理というのは、今を生きる私たちの世界観を根底で支えています。こうした言葉が身近になる以前、人々は今とは違った見方で世界を観ていました。そして、物理が今よりも発達した暁には、また別の見方で世界を観ることでしょう。そういう意味で、物理とは文化なのです。

このお話では、「ものが落ちる」という当たり前の出来事からみえてくる宇宙の理と、それがもたらした世界観の変化についてお話しする事にしましょう。

手を離すと石は地面に落ちます。石だけでなく、地上にある大抵のものは、何かで支えていなければ地面に落ちます。ですが、あらゆるものが地面に落ちるかと言うとそうでもなくて、太陽や月といった星たちは、随分と高いところにあるのに一向に落ちてくる気配はありません。この事実を、どうやったらすっきりと理解できるでしょうか?

まず、ほとんどのものが落ちるという現象からはじめましょう。勿体つける必要はありませんね。現代に生きる私たちは、石が地面に落ちるのは重力があるからだと知っています。私が子供の頃、母親から「ものが落ちるのは重力があるからなんだよ」と聞いて、「ふ〜ん」と思った覚えがあります。もちろんその時に、重力のなんたるかを理解れが石を地面にくっつけているんだな、という程度の理解をしていました。おそらく、現代を生きる多くの人が、学校で習うまでもなく、身近な誰かが口にする「じゅうりょく」という言葉を耳にして、いつの間にか当たり前のものとして受け入れているのだと思います。

ですが、今でこそ当たり前になったこの概念は、人類がこの地上に誕生してからずっと当たり前だったわけではありません。重力が発見されたのは、今から約３５０年前。発見者はまたもやニュートンです。熟れたリンゴが木から落ちるのを見て重力を発見した、という嘘か本当かわからない逸話は有名ですからご存知の方も多いでしょう。逆に言えば、ニュートン以前の人々は「重力」という概念を知らなかったことになります。この概念がない以上、当時の人たちは「石が地面に落ちる」という現象を今とは全く違う感性で理解していたはずです。落下現象を「重力」という言葉を使わずに理解するなど、想像できるでしょうか？

重力が発見される以前、石が地面に落ちる理由は「石は地の属性を持っているから」というアイディアで理解されていたようです。この世に存在するものには何かしらの

「属性」が備わっていて、同じ属性を持つものは互いに集まりたがる性質を持つ、という考え方です。今から見るととても大雑把ですし、何より、私たちは今の世界観にどっぷり浸かっているので当時の感覚を完全に理解することはできませんが、これはこれで一つの理だろうという気がします。

というのも、この考え方に従うと、石が地面に落ちるのに、月が地面に落ちてこない理由を説明できるからです。当時の考えでは、月を始め、空の星々は「天」の属性を持っています。天というのはいわば神様の世界で、ごちゃごちゃした地上とは異なり、美しく整然とした法則に基づいて物事が動いていると考えられていたようです。

天の住民である星たちは天の法則に従っていて、地の法則には縛られていない。だからこそ、地上の法則に縛られた石は地面に落ちるけれども、天の法則に従う星々は地上には落ちてこない、というわけです。確かに、太陽も月も夜空に浮かぶ星たちも、地上の石のように手に触れることはできませんから、地上とは別の理に属する別世界の存在だ、という考え方はわかる気がします。

一方で、私たちが手に取ることの出来る地上のものたちは、感覚的に見ても、自分と同じ法則に従う同じ世界の住民です。もし私たちがニュートン以前の世の中に生を受けていたら、そういう理を親から受け継ぎ、次の世代に伝えて行ったことでしょう。こういうことを考えると、物理というのは文化としての側面があって、世界観の土台に息づいていることをよりはっきりと感じていただけると思います。

なぜニュートンが発見できたのか

さて、ここでこんなことを考えてみましょう。なぜニュートンが重力を発見できたのでしょう？「ニュートンが天才だったから」というのは一つの答えかも知れませんが、決してそれだけではありません。ニュートンには、重力を発見するだけの下準備が整っていた、というのが正解だろうと思います。ポイントは、ニュートンは力の法則を知っていた、ということです。そういう意味では、今この本を読んでいる皆さんもニュートンと同じく、重力の理を自分で見つけられる立場にいることになります。

思い出してみてください。この世界には慣性の法則があります。どんな物体も、何も力を加えない限り静止しているものは静止を続けるし、もし動いていればスピードも方向も変えずにそのまま動き続ける、という例の理です。この理を噛み締めながら、目の前にあるリンゴの木から熟した果実が落ちる場面を想像してみてください。リンゴの実は、風もないのに、ある程度熟した段階でポトリと落ちます。落ちる前に起こったことは、リンゴと枝の付け根が静かに切れた、という出来事だけです。リンゴには何も触っていません。もしリンゴに力が全く作用していなかったとしたら、リンゴは慣性の法則に従ってそのまま静止を続けるはずですが、実際に起こることは違います。枝の付け根が切れた瞬間は止まっていたリンゴは、静かに動き出し、地面に落ちる頃にはそれなりのスピードに達しています。速度が変化しているのです。私たちは、力とは物体を加速させる能力だと知っています。

つまり、力の法則を知った今、リンゴには下向きに力が働いていると考えなければこの現象は説明できません。この力が働くのはリンゴだけでしょうか？　明らかに違います。私たちがジャンプすると、やはり地面に落ちます。もし何の力も働いていなかったら、私たちの身体は慣性の法則に従って宇宙の彼方まで飛んで行ってしまうでしょう。どうやら重力は私たちの身体にも作用しているようです。

それだけではありません。身の周りにあるものは全て、放っておけば地面に落ちます。もし何の力も働いていなかったら、静かに浮かんでいるか、等速でまっすぐ動き続けるかのどちらかです。それはそれで見てみたい気はしますが、残念ながらそうはならず、物体は地面に落ちます。やはり下向きに力が働いているということです。

この下向きの力はあらゆる物体に作用して「重さ」を作るので「重力」と呼ばれます。前にもコメントしましたが、押したときに動きにくい物体、つまり、質量の大きな物体ほど大きな重力が働くことも経験的にわかります。もう少し注意深く眺めると、質量が倍になるとその物体に働く重力も倍になることが実験的に確かめられます。重力の強さは質量に比例するのです。

ところで「下」とは何でしょう？　またおかしな事を言い出した……と呆れるのは少し待ってください。私たちは、自分が立っている地球が直径１２８００㎞の球体である事を知っています。そして、地球の裏側にも（海でない限り）人が暮らしていることを知っています。ですから、もしも地球が透明だとしたら、自分の足元を見れば、１２８００㎞の彼方に地球の裏側に立つ人（仮にジョンさんとしましょう）が見えるでしょう。

その人の足は、私たちの方を向いています。つまり、私たちが「下」と呼んでいる方向を延長すると、それはジョンさんの足から頭に向かう方向です。私たちの周りでは、重力は「下」に向かっています。ですが、もしジョンさんの周りにも同じ方向に重力が働いていたとしたら、ジョンさんはもちろん、周りのものは全て宇宙に飛び出してしまうはずです。実際には、ジョンさんの周りでも、ものは地面に向かって落ちますから、重力が働く方向は私たちの周りに働く重力と逆方向で、その方向がジョンさんにとっての「下」になります。同じことは地球上のどの場所でも言えます。つまり「下」とは地球の中心に向かう方向ということです。

再び、地球は特別ではない！

作用・反作用の法則の説明で、力が働くためには必ず二つ以上の物体が必要であると言いました。「力を与える物体」と「力を受ける物体」です。重力も力の一種ですから例外ではないはずです。では、石が力を受ける物体なら、力を与える物体は何でしょう？　重力は常に下向きに働き、「下」とは「地球の中心方向」のことでした。二つの物体に働く力は、その二つの物体を結ぶ方向に働くのが普通です（もちろん例外はありますが）。となれば、石に重力を与えている物体の候補はただ一つ、地球そのものです。このように、力の理と地球が丸い事さえ念頭に置いていれば、リンゴが木から落ちる様子から、地球が物体を引っ張る能力を持っていることを理解することができます。これが、皆さんがニュートンと同じ立場にいると言った意味です。

話はまだ半分です。作用・反作用の法則を思い出すと、重力の理の真価に触れることができます。作用・反作用の法則というのは次のような法則でした。

「物体Aが物体Bに力を及ぼす時、必ず同時に、物体Bは物体Aに力を及ぼす。そして、この二つの力は、大きさが等しく、向きは逆向きである」

言い換えるなら、物体Aが「力を与える物体」で物体Bが「力を受ける物体」だったとしたら、AとBの立場を入れ替えた状況も同時に実現している。つまり、力が働く時には、どちらかが特別ということはなくて、物体A・物体Bはどちらも「力を与える物体」であると同時に「力を受ける物体」でもある、ということです。通常、石に働く重力と言えば、地球が石を引っ張る力のことを指します。ところが、この作用・反作用の法則によれば、地球が石を引っ張る時、同時に、全く同じ大きさの力で石が地球を引っ張っているというのです。だとすれば、重力を「地球が地上の物体を引っ張る力」と理解するのは一方的です。地上にあるどんな物体も地球を引っ張っているわけですから、物体が地球を引っ張る力もまた重力です。ですから、地上の重力を正しく言い表すなら、「地球と物体がお互いに引っ張り合う力」となります。

そして、「お互いの立場は入れ替え可能」ということはさらに凄いことを意味しています。地上の物体は必ず地上に落ちるのですから、地球は地上のあらゆる物体と重力で引き合っています。重力に関する限り、石と地球は立場を入れ替えて良いので、石もまた他のあらゆるものと重力で結びついていることになります。石だけではありません。地上にあるあらゆるものは地球と重力で結びついているので、重力という意味では地球と入れ替え可能、つまり、あらゆるものがあらゆるものと重力で結びついている、ということです。

であれば、重力の本質は「地球」ではありません。重力の強さが質量に比例することを考えれば、重力の本質の候補はもはや「質量」しかありません。つまり重力とは、「質量を持つ物体と質量を持つ物体の間に働く引力」となります。質量というのはあらゆる物体が持っていますから、言うなれば、重力は万物の間に分け隔てなく働く力、と言えます。地球はまたしてもその特別な地位を失ってしまいました。ニュートンが重力に「万有引力」の名を冠したのはこうした理由です。

このように、慣性の法則、運動方程式、そして、地球が丸いことさえ分かっていれば、私たちは自分たちの周りに起こる自然現象から重力の存在にも気がつくし、それが地球と物体の間の力であることにも気がつきます。さらに、作用・反作用の法則を知っていれば、この重力という力が「地球」とは関係のない、むしろ「質量」に関係する力だということにも気がつきます。ニュートンは運動の法則も見つけたし、重力も見つけた。凄い！　という評価をすることはもちろんできるのですが、運動三法則を作った張本人であるニュートンが重力を発見したのはむしろ自然な流れであったと言えるでしょう。

地の理から宇宙の理へ

ここで、ニュートン時代の人々の常識をもう一度思い出してみましょう。この章のはじめにお話ししたように、当時、星々は「天」の属性を持ち、地上の法則には縛られていないと考えられてきました。つまり、天には天の、地には地の理が息づいていて、それらは全く別物だと考えられていたのです。ですが、運動の法則に基づいて考えてみると、万有引力というのはどうやら「地球」に特有のものではないようです。そして、地球は宇宙の中心ではなく、太陽の周りを回る惑星の一員でしかありません。であれば、万有引力が星たちの間にも等しく働くと考えるのは極めて自然なことでしょう。本来地の理であった「重力」が天の世界にも及ぶという、ある意味「不敬」なアイディアですが、検討してみる価値はありそうです。

太陽と地球を例に考えてみましょう。太陽も地球も巨大な質量を持つ物体ですから、もし万有引力が星々の間にも働くのだとしたら、たとえ遠く離れていても、地球と太陽の間には強い重力が働いているはずです。もし、太陽に対して地球が止まっていたら、地球は太陽の重力に捕われて、あっという間に太陽に「落ちて」しまうことでしょう。ですが実際には地球が太陽に突っ込んでいく気配はありません。どういうことでしょう？　やはり天の世界に重力は作用しないのでしょうか？

しかし、ちょっと考えてみれば、そう断ずるのは早計だと気づきます。地球が太陽に対して動いていると考えれば良いのです。太陽と地球の間の重力は太陽と地球を結ぶ方向に働くことに注意しましょう。地球はそれと垂直方向に動いていると考えるのです。

ニュートンの第二法則は、物体の速度（スピードと方向）は、その物体に働く力の方向に変化すると主張しています。この法則はどんな物体にも成り立つのだから、地球だって例外ではないはずです。法則を素直に適用すると、地球は太陽と垂直の方向に進む間に太陽の方向に引き寄せられて、動く方向が変化します。もし、地球が丁度良いスピードで動いていれば、地球の動く方向がいつも太陽と垂直になるように動くことが出来るでしょう。この場合、太陽と地球の距離はずっと変わらないままですから、地球は太陽を中心とした円運動をすることになります。これはまさしく地動説そのものです！なんと、天の理の代名詞だった地動説が、地の理の代名詞である重力で説明できてしまいそうです。これまで神の座と考えられてきた天界が、実は地上と同じ理に支配されているというのですから、当時の人々にとってはかなりの衝撃だったはずです。余談ですが、月が地球に落ちてこないのもこれと全く同じ理屈です。逆説的に言えば、月がいつまでたっても地球の側にあるのは、月が地球に落ち続けているから、ということです。もし地球の重力が月まで届かないのだとしたら、月はあっという間に宇宙の彼方に飛んで行ってしまうことでしょう。

ところで、今の段階でわかっている万有引力の法則はこのようなものです。

「二つの物体には、その二つの物体の質量に比例した引力が働く」

前のお話の言い方をするなら、この法則はまだ「銀」です。なぜなら、二つの物体が遠く離れた時、重力がどのくらい弱くなるかが分からないからです。これを「金」にするには、重力の強さが物体の間の距離とどのように関係しているかがわからないといけません。つまり、物体の間の距離が2倍になった時、重力の強さが何分の一になるのか、ということです。半分でしょうか？　3分の1でしょうか？

これを知るのにうってつけの題材があります。太陽の周りを回る惑星たちの運動です。どうやら、太陽の周りを惑星が回っているのは万有引力のためらしいということは分かっています。であれば、惑星の運動が精密に分かれば、万有引力の性質も精密にわかるはずです。実際、ニュートンの第二法則である運動方程式は、力の様子が分かっていれば、あらゆる運動を正確に予言する能力を持っています（現在、これを高校生の段階で勉強できるというのは本当に素晴らしいことです）。逆に言えば、運動の正確な様子が分かりさえすれば、そこに働く力の様子を逆算することができます。

ケプラーの勝因

ニュートンの時代、ティコの精密な観測のおかげもあって、惑星の運動には一定の法則があることが分かっていました。第2話に名前だけ登場したケプラーの法則です。少し込み入っていますが、せっかくの機会です。歴史的に大切な法則でもありますので、その内容をここで述べておきましょう。解説が必要な言葉は後で説明するので、まずは内容を書きます。

ケプラー第一法則　惑星は太陽を焦点の一つとする楕円運動をする
ケプラー第二法則　惑星の面積速度は常に一定である
ケプラー第三法則　惑星の公転周期の2乗は同じ惑星の楕円軌道の半長径の3乗に比例し、その比例係数は惑星の種類によらない

第一法則は革命的でした。ケプラーの時代、星の世界はまだ神の座でした。惑星に神様の名前がつけられていることからも推察できるように、天動説にしても地動説にしても、神の座にある星々の運動には美しい真円こそがふさわしい、という前提がありました。神の世界の運動が真円ではなくひしゃげた楕円であるというのは極めて衝撃的だったようです。

楕円の定義は、特定の2点からの距離の和が一定であるような曲線です。ですから、楕円を描きたければ、二本の釘に紐を結び、その紐がたるまないように鉛筆を一周させれば良いことになります。この時に固定する二つの点を「焦点」と呼びます。

第一法則は、惑星は楕円軌道を描いていて、太陽の場所はその楕円の焦点の一つになっていることです。ちなみに円というのは1点からの距離が一定であるような曲線です

から、二つの焦点がたまたま同じ点であるような特別な楕円と言えます。楕円はひしゃげていますから、円で言えば半径に相当する長さが二つあります。その長い方が第三法則に出てくる半長径です。ちなみに短い方は半短径と呼ばれます。

ちなみに余談ですが、ケプラーの勝因は火星に注目したことです。ティコの詳細な観測データの中で、唯一うまく解析できなかったのが火星だったのです。今から見ると、それは火星の軌道を真円と仮定していたからなのですが、圧巻なのはその潰れ具合です。火星の軌道の扁平率は0・004、つまり1mの円が一つの方向に4㎜だけ潰れた形です。これは、見た目にはほとんど円です。このレベルの違いが明確なエラーとして現れる程の精度が、ティコのデータには備わっていたということです。当時の観測技術から考えて、「観測マニア」と呼ぶにふさわしいこだわり具合と言えるでしょう。

もう一つ特別な言葉は、第二法則に出てくる「面積速度」でしょう。太陽と惑星を結ぶ線分を考えましょう。惑星は動いていますから、一定の時間（例えば24時間）が経つと、この線分はちょっと歪んだショートケーキのような形の図形を塗りつぶします。このショートケーキ型の面積が面積速度です。惑星は常に太陽の周りを動いていますが、第一法則によれば楕円軌道を描いているので、太陽から遠い時もあれば近い時もあります。惑星が進む速さは、太陽から遠い時は遅く、太陽に近い時は速いのですが、速さの変化にはパターンがあって、ちょうど面積速度が常に一定になるように変化する、というのが第二法則です。実際、太陽から遠いところでは太陽と惑星を結ぶ線分が長いので、24時間でわずかな距離しか進まなくても、ショートケーキの面積は大きくなります。一方で、惑星が太陽に近い時には、線分は短いので、ショートケーキの面積を稼ぐためには惑星はたくさん動かなければいけません。このように考えると、惑星の速さの違いが「面積速度が一定」という表現で表されているのがわかると思います。

第三法則は少し複雑に見えるかも知れませんが、特別な意味を持っています。特に大切なのは、「比例係数は惑星の種類によらない」の部分です。少し前に述べたように、ケプラーの時代、惑星はある意味神様ですから、惑星の運動は惑星自身が生み出していて、その運動にはそれぞれの個性があると思われていました。ところが第三法則は、「公転周期の2乗を半長径の3乗で割ったもの」という量が全ての惑星に共通していると主張しています。これは、惑星は自分勝手に動いているのではないのかも知れない、という考えを生むのに十分な内容です。

強調しておきたいのは、ケプラーの時代にはこれらの法則がなぜ成り立つのかまでは、分かっていなかった、ということです。理由はわからないけど成り立つ法則というのは大切です。なぜなら、その背後により深い原理が隠れていることを強烈に示唆するからです。ニュートンの時代には、これだけの背景が既に整っていたのです。

しかもニュートンには、自らが見出した運動の三法則があります。重力が、質量を持つ全ての物体の間に働く万有引力であり、惑星の運動は太陽と惑星の間の重力が生み出しているだろうという見立ても出来ている。お膳立ては全て整っています。あとはこの状況から、「重力」という力の詳細を推論するだけです。ニュートンはこの計算を実際に実行し、重力の強さが物体の距離の2乗に反比例すれば、ケプラーの法則は全て運動の法則から導かれることを示しました。つまり、距離が2倍になると、重力の強さは4分の1になるのです。

この本では計算の詳細を説明するのはやめておきましょう。ですが、ニュートンが見つけた重力の法則からケプラーの法則を導くのは、微分と積分を勉強した意欲的な高校生なら十分に実行可能だということだけは述べておきます（逆は少し洞察力が必要かも知れません）。さらに副産物として、太陽との重力で生み出される運動は実は楕円だけではなく、双曲線と放物線もあり得ることもわかります。もっともこの場合は、一度だけ太陽に近づいたあとは宇宙の彼方まで飛んで行ってしまいますが。もしムズムズっとしたら、是非ともチャレンジして欲しいと思います。

最終的に得られた万有引力の法則は以下の通りです。

「二つの物体には、その二つの物体の質量に比例し、その物体間の距離の2乗に反比例する強さの引力が働く」

いかがでしょう?　「ニュートンには、重力を発見するだけの下準備が整っていた」と言った理由がわかっていただけたでしょうか。ニュートンの時代は、ガリレオが残した自然へのアプローチと相対性原理をはじめとする地上の運動にまつわる法則が出揃っていました。しかも、惑星の運行に関してはティコの詳細なデータとケプラーの法則が見つかっていたのです。まさに「機が熟す」という言葉がピッタリです。歴史というのは面白いもので、重要な発見がなされる時には、必ず機が熟しています。もちろん後から見るからそう見えるという要素もあるのですが、それでも、なんの土壌もないところに重要な発見もありえません。科学の発展は裾野に支えられているのです。

弱いからこそ遠くを支配する

ここでちょっと、重力の強さについて考えを巡らせてみましょう。まず、重力の大きさは質量に比例することに注目しましょう。地球上の物体に働く重力の場合、地球の質量が重要になります。地球の質量は莫大です。あえてkgで表すなら、約6×10^{24}kg、つまり、6の後に0が24個ついた数です。わかりやすいかどうかは分かりませんが、日本語で言えば6秭《じょ》kgです。1秭というのは1兆のさらに1兆倍ですから、途方もない大きさです（地球の質量をどうやって測るか、想像できますか？）。

今、目の前に質量1kgのダンベルが転がっているとしましょう。このダンベルに働く重力は「1kg重」と表現されます。要するに1kgの物体に地上で働く重力の大きさ、という意味ですが、質量と重力は違う概念なので、重さ（重力の強さ）であることを表現するときには「重」をつける習慣になっています。重力の大きさが地球の質量に比例するということは、もし地球の質量が半分になれば、ダンベルに働く重力も半分になるし、10分の1になれば重力も10分の1になります。極端な話、もし地球の質量が1秭分の1の6kgになったとしたら、ダンベルと地球の間の重力の大きさは1秭分の1、つまり、

１秄分の１kg重になります。これが、１kgの物体と６kgの物体が地球の半径の距離、すなわち、６４００km離れたときに働く重力です。

日常の感覚からすると、６４００kmというのはちょっと遠すぎますね。ミニ地球とダンベルの距離をもう少し近づけましょう。万有引力の法則によれば、物体に働く万有引力の強さは距離の2乗に反比例します。つまり、物体同士の距離が10分の１になれば、重力の強さは１００倍になります。では、ダンベルとミニ地球が６・４ｍまで近づいたらどうなるでしょう？　この距離は、６４００kmの１００万分の１の距離ですから、重力の強さはその2乗、つまり、１兆倍も強くなります。

一見とんでもない大きさに思えるかも知れませんが、それでも、ミニ地球とダンベルの間の重力は１兆分の１kg重にしかなりません。数ｍの距離に数kgの物体が置かれているというのは日常よく見かける状況ですが、その物体の間に働く重力の大きさは概ねこの程度ということです。これは日常の感覚からすればほとんどゼロ。現代の技術を駆使した精密測定をしてもギリギリ測れるか測れないかという大きさです。

お気づきでしょうか？　意外に感じるかも知れませんが、重力というのは、実はとてつもなく弱い力なのです。例えば、パチンコ玉に上から小さな磁石を近づけると飛び上がって磁石にくっつきます。これは、パチンコ玉に働く重力よりも磁石とパチンコ玉の間に働く磁力の方が強いからですが、この磁力を生み出しているのは小さな磁石なのに対して、パチンコ玉を下に引っ張っている重力は巨大な地球が生み出しています。

地球のような超巨大な物体が作る重力よりも、小さな磁石が作る磁力の方が強いというのは、いかに重力が弱いかを物語っています。実際、地上にある物体同士に働く重力は、右で述べたように1兆分の1kg重程度です。比較のために、時速2㎞で飛ぶ標準的な蚊（体長5㎜、体重2㎎）がぶつかるときに働く力を計算してみると、約10万分の1kg重くらいです。これは、地上にある物体同士に働く力よりも1000万倍も大きな力です。重力がいかに弱いかわかると思います。このように、地上の物体同士の運動を考える限り、その物体の間に働く重力は完全に無視して構いません。考えなければいけないのは、地上の物体と地球の間に働く重力だけです。

これほどまでに弱い重力ですが、二つ、無視できない性質があります。それは、質量がある限りどんな物の間にも働くということ、そして、どんなに遠くにも届くということです。宇宙空間に浮かんでいる星たちを考えてみましょう。星同士は非常に遠く離れているので、地上のように直接衝突するような現象はほとんど起こりません。ですから、星の間に働く力は、遠くまで届くような力に限られます。重力以外で遠くまで届く力は電磁気力だけですが、これは重力に比べて桁違いに強い力です。強い力は物体を強く引きつけます。結果、あっという間に物体をひとまとめにしてしまって、全体として電気的に中性の物体を作り上げます。ですから、太陽はもちろん、地球をはじめとする惑星のような天体サイズの大きな物体はほとんど電気的に中性になり、電磁気力は実質的に働きません。となれば、残る力は重力だけです。地上では無視して良いほど弱い重力ですが、たとえどんなに弱くとも、働く力がそれだけとなれば話は違います。宇宙に浮かぶ星たちは、重力によって互いに引き合い、その運動を変化させます。宇宙スケールの現象を引き起こす最大の要因は重力なのです。

ふたつの天の川が交わる夜空

事実、宇宙の構造は全て重力が作っています。先に述べたように、地球の周りを月が回るのも、太陽の周りを惑星たちが回るのも、全て重力が原因です。それだけではありません。太陽系は、天の川銀河と呼ばれる約2000億個の恒星（太陽のように自ら光る星のこと）の集団に属し、2・03億年をかけて一周します。そして天の川銀河はこの

2000億の星が回転する巨大な渦巻きです。その直径は約10万光年、つまり、光のスピードで10万年かかる距離です。光は1秒間に30万㎞（地球を約7周半）進むことを考えると、その巨大さがわかると思います。

この巨大な渦巻き運動も重力によって生み出されています。重力の影響がいかに遠くまで届くかお分かりでしょう。ちなみに、太陽は天の川銀河のはずれにあるごくごく標準的な恒星です。当然、太陽も他の星々と共に天の川銀河の中を回転していて、スピードは秒速240㎞にもなります。私たちが思い描いている「地球が太陽の周りを回っている」というのはあくまで太陽に対して静止している人から見た描像です。

銀河系の中心から見れば太陽も動いていますから、その視点から見れば地球は螺旋運動をしていることになります。もちろん、第3話で見つけた相対性原理はこんな場面でも成り立ちます。太陽が止まっている人と銀河が止まっている人は全く同じ立場で、どちらが正しいということはありません。

重力の影響が及ぶのは天の川銀河の中だけではありません。

私たちの宇宙には、天の川銀河と同じように何千億もの星が集まった銀河がたくさんあります。例えば、天の川銀河のすぐ隣にはアンドロメダ銀河と呼ばれる、天の川銀河そっくりの銀河があります。もっとも、すぐ隣とは言っても宇宙規模ですから、その距離は230万光年です。目のいい人なら、アンドロメダ銀河は肉眼でも見えます。ですが、その光は230万年前にアンドロメダ銀河を出発した光ということになります。天の川銀河の周りには、アンドロメダ銀河だけでなく、数十個の銀河がひとまとまりになって「銀河団」という構造をつくっています。

銀河団の中の銀河は比較的一様に分布しているので、「中心」という構造がありません。そのため、それぞれの銀河は他の銀河から重力の影響を受けて複雑な運動をしています。実際、現在、天の川銀河とアンドロメダ銀河は互いの重力の影響を受けて接近中です。このまま行くと、約30億年で衝突する計算です。ですが、安心してください。銀河の中の星と星の距離は数光年あります。例えて言うなら、数㎞おきに卓球ボールが1個ずつ置かれているような状況ですから、たとえ銀河が衝突しても星同士がぶつかる可能性はほとんどありません。そのかわり、夜空の星の密度は増えます。

30億年後の地球から夜空を眺めると、今の2倍の星々と共に、二つの天の川が交わる様子が見えるはずです。さぞかし美しいことでしょう。個人的に是非とも見てみたい光景です。30億年後の人類（人の形を保っているとは到底思えませんが）が本当に羨ましい。

このように、私たち人間スケールの物体の間ではほとんど意味のないほど弱い重力ですが、弱くて遠くまで届くからこそ、宇宙スケールでは一番大事な力になります。宇宙を語るということは重力を語ることと言っても過言ではないくらいです。重力こそまさしく「宇宙を支配する理」の一つでしょう。

こんな言い方をすると、なんだか物凄い、自分とは関係のない世界の話に聞こえてしまいますが、この旅ももとを正せば「物が落ちる」という身近な現象から始まったものであることを忘れないで欲しいと思います。重力は間違いなく宇宙規模の現象を支配していますが、それは同時に、私たちの身の周りのあらゆる存在の中にも息づく、極めて身近なものでもあるのです。石ころが地面にコトリと落ちるという当たり前の風景から宇宙の大規模な構造に思いを馳せ、また日常に戻ってくる。なんとも奥深いことです。これもまた無色化の味わい深さの現れでしょう。

重力のお話はひとまずこれで終わりますが、実を言うとこのお話には続きがあります。ただ、それを語るためには、光と時間と空間のお話をしなくてはいけません。「重力を語るのに光と時間と空間？」と疑問に思われると思いますが、その心は第9話でわかっていただけると思います。楽しみにしていてください。

第6話　まだ見ぬ理

地図に載っていない山へ

ここまで、身近な現象から色を無くすことで見えてくる理についてお話ししてきました。身近でありふれているということは、つまらないという事ではありません。ありふれたものだからこそ、その理は宇宙の隅々にまで息づいています。実際に、第3話でお話しした相対性原理。第4話のニュートンの運動法則。そして、第5話の重力の法則。どれひとつ取っても、宇宙を支配しているとても根源的なものであることを私たちは見てきました。こうした理を通じて、宇宙の成り立ちなどという、ひと昔前までは伝説や宗教の領域だった事柄に対してまで地に足のついた議論が出来るとは、思えば遠くに来たものです。

こんな風に「分かったこと」を並べていくと、私たちはあらゆる物事に潜む理を全て見出して、縦横無尽に使いこなしているように感じるかも知れません。ですが、実際は全く逆です。人類がこれまでに見つけた理は、世界の理のほんの一部分に過ぎません。

ニュートンがこんな言葉を残しています。

「私は海辺で遊ぶ子供のようなものだ。私は人よりも少しだけ綺麗な貝殻や小石を拾って喜んでいるけれど、真理の大海は未だに探検されることなく私の前に広がっているのだ」（筆者訳）

ニュートンは17世紀の人ですが、21世紀になった今でも状況はさほど変わっていません。分かっている事よりも分かっていない事の方がはるかに多いのです。いや、これは言い方が良くありません。

「分かっていない事すら分かっていない事」があまりにもたくさんある、という方が正しいでしょう。つまり、私たちの身の周りには、私たちが問題意識すら持ち合わせていないような現象がたくさんあって、そこには、未知の理がたくさん隠れている、というのが研究という仕事に身を置く私の印象です。

研究というのは冒険に似ています。言うなれば、まだ誰も見たこともない、地図にも載っていない山を目指すのが研究です。ちなみに、世界で初めて辿り着いた山の様子やその道のりを記した地図が「論文」と呼ばれます。誰にでも見える山は、過去の人がとっくに登ってしまっていて、地図にも載っています。五里霧中に歩き回っても、そこが未踏峰だった、などという偶然はほとんどありません。ですから、誰よりも先に目標となる「未知の山」を見つけなければならない。

一つの方法は、これまで誰も行ったことがないくらい遠くに行くことです。その方向に未踏峰があることを見極めるだけでなく、それを信じて歩き続けることも含めて、大変な努力が必要ですが、その見返りとして、新天地に辿り着いた暁にはそこから見える山々は全て未踏峰です。研究の王道的なやり方と言えるでしょう。

これが王道ではあるのですが、もうひとつ忘れてはいけないことがあります。見知らぬ山や新天地がいつも遠くにあるとは限らない、ということです。景色の中に溶け込んでいた黒い点が実は未知の山の頂だったり、行き止まりだと思われていた脇道が山頂を目指す近道だったり、誰も気に留めていなかった岩のくぼみが新しい世界に繋がっていたり、などなど、誰もが見ている景色の中に新世界が潜んでいることは案外多いのです。ですから研究者というのは、自分のテーマをコツコツと進めながらも、

「今、何が分かっていないのだろう？」

と問い続けて、問題にすらなっていない問題に常にアンテナを張り続けています。そして、そのアンテナには結構な確率で未知の世界がヒットする。世の中にこれだけの数の研究者がいながら、新しい事柄が次々に見つかり続けているのです。おそらく、今までに日の目を見ている事柄など氷山の一角でしょう。

さらに言うなら、理が隠れているのは自然現象の中だけではありません。この本では「物理」という側面を強調しているのでどうしても話題が偏りますが、本来、理というのはあらゆる事柄に潜んでいます。それを紐解くために物理で培われた方法が有効、というだけのことです。まだ形になっていないだけで、世界は理で溢れていますから、皆さんが日々の暮らしの中から見つけた理は、この世界で初めて見出された理かも知れないのです。

そこでこのお話では、これまで話してきたような「分かっていること」を離れて、まだ形になっていない、未知の理が埋もれていそうだなあ、と私が感じている事柄についてお話ししてみたいと思います。私が専門でやっている研究テーマの中にもそんな話題が山ほどありますから、そんなお話をするのも楽しいかも知れませんが、せっかくの機会です。ここはひとつ、自然現象という枠組みからも離れてしまいましょう。硬い物理の話が続いた後ですからちょうど良いでしょう。ちょっと一服、くらいの気持ちで読んでいただければ幸いです。

複雑なものに潜む理

自然現象を離れる前に、日常の出来事の中に「分かっていない事すら分かっていなかった」という事柄が本当にあるということを人々が思い知らされることとなった、象徴的な発見をご紹介しましょう。

こんな状況を考えてみましょう。あなたは山の中にある渓流に遊びに行きました。流れはそこそこ急で、岩にぶつかったり、木を回り込んだりしながら美しい景色を見せています。川岸を見ると笹が生えています。そこであなたは、笹舟を作って遊ぶことにしました。笹舟の動きは複雑です。まっすぐ流れていたと思ったら岩を回り込み、渦に巻かれ、思わぬ方向に流れていきます。流石は渓流、その流れも複雑です。予測できない動きというのは面白いものです。

さて、ここでちょっと考えてみましょう。あなたが流した笹舟の動きは「分かって」いるでしょうか？ 一つの考え方はこうです。笹舟はごく普通の物体なので、ニュートンの運動法則が適用できます。そして、複雑とは言え、渓流は水の流れです。この本では話していませんが、水の流れを支配する理は「流体力学」の名で知られています。笹舟の動きを支配する法則は分かっていて、水の運動を支配する法則も分かっている。材料は全て揃っています。ということは、ニュートンの運動法則や流体力学を駆使すれば、原理的には笹舟の運動は完全に決定できます。運動が複雑に見えるのは、岩や植物があるという状況が複雑だからであって、原理そのものは単純明快。実際の動きを計算することもでき、笹舟の運動は完全に理解できている。これがこれまで見つけてきた理から言える結論です。なんの問題もないように思います。

ところが、実はここに、これまでお話ししてきた理では語り尽くせない現象が隠れています。あなたは二つ目の笹舟を作り、また同じ場所から渓流に放ちます。すると驚いたことにその笹舟は、一つ目の笹舟とは全然違ったルートを流れていきます。三つ目の笹舟を流しても同じで、一つ目と二つ目とはまた違ったルートを流れていきます。流れの様子が変わっているようには見えません。にもかかわらず、どんなに注意深く同じ場所に笹舟を置いても、笹舟のルートは毎回全く異なるのです。これは一体どういうことでしょう？

実はこれは、今では「カオス」と呼ばれる現象の一端です。この現象が初めて指摘されたのは1963年。気象学者のエドワード・ローレンツが、ニュートンの運動法則に似た形式（正確には「微分方程式」と言います）を使って、天気の移り変わりのエッセンスを抽出しようとした時のことです。ローレンツは、最初の気象条件をわずかに変えて計算すると、その後の天気の移り変わりが似ても似つかないものになることに気がつきました。これはまさしく、右で挙げた笹舟の動きと同じ種類の現象です。

この発見は衝撃をもって迎えられました。私たちはこれまで、考えている現象を支配している理さえ分かっていればその現象を理解できたと考えてきたわけですが、よくよく考えてみると、こんなことを主張できるのは、「最初の状態が似ていれば結果も概ね似ているだろう」ということを大前提にしているからです。

この前提はさほど問題なさそうに見えます。例えば、ピッチャーが投げるボールは、毎回多少のズレはあるにせよ、概ねキャッチャーミットに飛んで行きます。投げ方をちょっと変えたら外野に飛んで行く、ということになったら野球はできません。ですが、ローレンツが見つけた現象のように、ほんのわずかな初期条件の違いが後の運動を本質的に変えてしまうような状況があるとなれば話は別です。

もちろん数学的に見れば、最初の状態を完全に同じにすれば、全く同じ運動が繰り返されるはずですが、人間はもとより、たとえ機械を使ったとしても、物事の精度には限界があります。現実世界に全く完全に同じ状態を作り出すことはできません。事実、笹舟を1ミクロンもずれることなく毎回同じ場所に置くのはまず不可能です。そんな精度の限界以下の小さな違いが結果を変えてしまうのだとしたら、実質的に見れば、同じ状態から出発しても全く違う結果を生むことになります。これは恐ろしいことです。背後に潜む理が分かっていて、未来予測は完全に可能なはずなのに、予言能力を失ってしまうのですから。右の笹舟の運動も、根本原理は分かっているのに運動の予言は不可能、ということになってしまいます。

ローレンツが考えた理論が特殊なのだろう、と考える方もいるでしょう。仮にそうだとしたら、例外的な現象として、さほど気にする必要はないかも知れません。しかし残念なことに、ローレンツが研究した理論は特別なものではなく、それどころか、かなり普遍的な構造を持っています。「非線形性」という性質がその本質です。

非線形性というのは数学の概念ですが、直感的には次のように理解すれば良いでしょう。ある関数をグラフで書いた時、そのグラフが直線になるような関数を「線形」な関数と呼びます。非線形というのは「線形でない」という意味なので、グラフを書いた時に直線にならないような関数は全部非線形です。これはとてもありふれた性質で、日常の現象の中にいくらでも見つけることができます。先ほど挙げた笹舟のエピソードは、そんなありふれた現象の一つなのです。

このように、現象そのものは決定論的に振る舞うのに、初期条件のわずかな違いが予測を不可能にしてしまうような現象を「カオス」と呼びます。名前だけ聞くと、規則性など何もない破滅的な印象を受けますが、そうではありません。非線形性が原因となって、見た目の運動は予測不可能なほど複雑に見えますが、実はその背後には美しい規則性があることが最近の研究で分かっています。複雑さの中にちゃんと理があるのです。

カオスの例はたくさんあります。木の葉が落ちる時の動き、川の流れ、天気の変化などなど、挙げていけば切りがありません（正確には、カオスが顔を出すためには、非線形性だけではなく、ある一定の条件が必要なのですが、その話は割愛します）。

「カオス」が見つかる前は、運動の複雑さは、単純に運動の要素が多いために生じる、言うなれば見せかけの複雑さだと思われていました。ところが、カオスの発見以降、非線形性に根を持つ、理に支配された本質的な複雑さが存在するという認識が生まれました。複雑な現象を見るときの世界観がガラリと変わってしまったのです。

示唆的なのは、誰もが日常的に目にしているありふれた現象なのに、最近になるまで、そこに潜む理に誰も気がつかなかったということです。

私たちは、日常のどんな些細なところにも理が潜んでいることを知っています。第1話ではAKB48の中に物理を見つけて遊んだくらいです。ですが、それでも、これまで地道に積み上げてきた基礎的な物理に関しては、あらゆる検証をクリアして完璧な理解が出来ている、という思い込みがどうしても抜け切れないものです。まさか、笹舟が流れたり、木の葉が落ちたりと言った、とっくに理屈の分かっている現象の背後に見知らぬ理が眠っているなど夢にも思いませんでした。カオスというのは、その思い込みの盲点を見事に突かれた発見だったのです。「分かっていない事すら分かっていない」という気持ちを汲んでいただけるでしょうか。

新しい理の予感

ここで、少しだけ自分語りを許してください。私は小さい頃は身体が弱く、同年代の他の子供達と比べて運動は得意でも好きでもありませんでした。ただ、例外的に武道・

武術の真似事だけは大好きでした。私の小学生時代、ゴールデンタイムにテレビをつけると大抵香港映画をやっていて、役者たちは派手な中国拳法で戦っていました。そんな映画が放映された翌日ともなれば、掃除の時間には、男の子たちの間で拳法ごっこが繰り広げられたものです。テレビ以外にも、「拳児」という中国拳法を題材にした漫画が大流行りしていました。私よりも前の世代には「男組」という漫画が流行っていたようで、おそらく、世の中が全体的に「拳法ブーム」だったのでしょう。私もご多分にもれず、そんな「武道・武術に憧れる少年」の一人でした。

そんな憧れを持ちつつも、武道・武術を実際に始めたのは遅くて、大学生になってからです。「どうせ始めるのなら、仲間と同じスタートラインから始められる、少しマイナーなものがいいな。でも、殴ったり殴られたりするのは怖いな……」という、なんとも後ろ向きな理由で始めたのが合気道だったのですが、これが思いのほか性に合っていたようです。

一般的なスポーツと違って、合気道には試合や組手がありません（試合や組手を取り入れている流派もありますが）。練習は二人一組で決まった型をひたすら繰り返すという単純なもの。最初は、型を覚えるだけなら簡単だな、と高を括っていたのですが、これが思った以上に深い。一人で動きをなぞるだけなら簡単ですが、何しろ相手がいて、それなりに抵抗して来ます。特に最初のうちは型通りには動けません。それでも同じ動きをするように要求されるので何とか頑張るのですが、不思議な事に、続けているうちに、段々と相手がいても型に近い動きが出来るようになってきます。力が強くなって相手の抵抗に負けなくなった、というのもあるのですが、それ以上に、身体の使える箇所や動作の際の新しい身体感覚が増える効果が大きいのです。これが楽しかった。

身体には、普段の生活では意識もしていないような動かし方、意識の仕方がたくさん眠っています。合気道に限らず、優れた武術の型というのは、それが眠っている状態では決して出来ないように作られています。まあ、出来ない事はないのですが、そこを意識しないと効果は薄いように思います。ちょうど、二足歩行が赤ちゃんの身体能力では出来ないのと同じです。

惰性では出来ない動きを強制することで、新しい感覚や動かし方を身体に直接納得させる、というのが型稽古の狙いの一つです。型に嵌めることで結果として自由度を増やすという、なんとも東洋的な面白い練習方法です。身体感覚が日増しに増えていくのは楽しいものです。私はもう忘れてしまいましたが、きっと、赤ちゃんが歩き始めるときは同じように楽しいのでしょう。合気道はもちろん、その後に出会ったいくつかの素晴しい武術体系を通じて、身体を動かすこと自体が楽しくなったのは、運動音痴の私にとってはとても大きな収穫でした。ありがたいことです。

なぜ突然こんな話をしたかと言うと、武道・武術で行われている、この手の「身体感覚の訓練」の中に、まだ日の目を見ていない「物事を伝えるための理」が隠れている気がしてならないからです。この感覚を説明するには、武道・武術で行われている練習方法についてもう少し詳しくお話ししておいた方がいいでしょう。念のために断っておくと、これからお話しするのは武術のほんの一要素に過ぎません。くれぐれも、これが全てと思わないでください。

身体感覚の伝承

先ほどから武術武術と連呼していますが、スポーツと武術の違いは何でしょう？　平たく言えば、武術もスポーツも一定の縛りの中で身体を動かすという意味では同じですから、私にはスポーツと武術を厳密に分ける意味はあまり感じませんが、敢えて一つ挙げるなら、武術はスポーツよりも「伝承」を強く意識します。とりわけ、いわゆる「伝統武術」と呼ばれる体系ではその傾向が強くあります。つまり、先代が築き上げてきた体系を自分が引き継いでいるんだ、という意識です。

一体何を引き継いでいるのでしょう？　真っ先に思いつくのは「技」ですが、それは一つの側面に過ぎません。武術は単なる技の集合体ではありません。もちろん、技は流派が流派であるための大切な要素ではあるのですが、本当に大切なのは、その技を産み出す身体感覚の方にあります。ですから、伝承がきちんと行われている道場では、技以上に、その武術体系を支える身体感覚を伝えることに心血を注ぎます。乱暴な言い方をするなら、「技」そのものが身体感覚を伝承するための手段とも言えるくらいです。

伝統的な武術でもう一つ面白いのは、身体の動かし方や意識の仕方を表現する独特の言葉です。私の知る代表的なものだけでも、「気を流す」「勁《けい》を通す」「相手の力を聴く」などなど、言葉だけ聞いたら何のことやら分からない「あやしい」表現のオンパレードです。

この手の武術に神秘的な印象が持たれるのは、こうした言葉の影響も大きいのですが、伝承が言葉だけで行われることはありません。指導者は、稽古の中で自分の身体感覚を磨くと同時に、門下生に型を教え、技を見せ、姿勢を細かく修正します。指導者が門下生の技を受けることも普通に行われます。先ほど挙げたような言葉はその過程で用いられます。多くの言葉は、型や姿勢の指導の中で動きと一緒に使われるので、必ず特定の身体感覚とリンクしながら受け継がれます。この事情を考えずに「気」や「勁」という言葉を聞くと、神秘的で非科学的な印象を受けますが、実は、動きと組み合わせて考えると理にかなっている事が多いのがこうした言葉の特徴です。

このように、伝統武術の練習は、技の動作を無言で繰り返すだけではありません。そうかと言って詳しい説明が行われるかと言うとそうでもなく、細かい説明はむしろ嫌厭される傾向があります。独特な表現を用いたアドバイスが動作の合間に挟まれる程度です。その目的は、徹頭徹尾「身体感覚の伝承」です。こういうやり方を繰り返しながら身体感覚を次の世代に伝えるのが伝統武術のやり方です。

武術の話ばかりしてきましたが、身体感覚の伝承を意識しているのは武術だけではありません。日本の伝統を支える職人さん達が持つ技術は、彼らが持つ独特の身体感覚に支えられていますが、彼らもまた、自らが先代から受け継いできた技術や身体感覚を自分の中で磨き、それを弟子に継承しています。その精度は恐ろしい程で、時として最先端の科学技術を凌駕することもあります。例えば、「火花職人」という職人さんは、合金をグラインダーで削った時に出る火花の形状から、含まれる金属の成分を高い精度で特定するそうです。私自身は職人さんの師弟関係がどのようなものなのかを直接知っているわけではありませんが、伝え聞く話では、やはり現場の中で、実演と感覚的な説明を繰り返しながら、概ね10年程度の時間をかけて伝承が行われているそうです。

現代教育の方法

一方、現在主流になっている「教育」を振り返ってみましょう。例えば学校では、標準的な教科書というものがあって、その内容に沿って授業が行われます。授業の進め方は先生によりますが、分からないことがあれば基本的には言葉を尽くして丹念に説明がなされます。もし生徒が分かっていないのに先生が説明をしなければ、それは先生の怠慢です。つまり、今の教育は先生による説明が主軸です。

その背後には、主に西洋の歴史の中で丹念に積み上げられてきた「科学的な考え方」への信頼があります。込み入った事柄であっても、その背後には単純な理があって、その本質を理解し、論理に基づいて全体を再構築すれば筋の通った理解を得ることができる、という考え方です。日本ではよく誤解されますが、科学的な考え方は、物理や化学のようないわゆる「理系」の学問だけでなく、いわゆる「文系」の学問を含むあらゆる学問の基盤です。実際、「文系」の学問の代表格である人文科学は human science ですし、社会科学は social science です。学問を「理系」と「文系」に分けるのは心底意味のないことです。そして、こうした現在の学問体系が大成功を収めているのは、とりもなおさずこの考え方の有効性を示しているといえるでしょう。

このように考えると、武術や伝統技術に伝わる「教育」方法は一見すると時代錯誤に見えます。物理的に捉えるなら、人間の身体も一つの物体に過ぎません。当然、ニュートンの運動法則に従いますから、その運動の背後にある物理法則には何の謎もありません。原理的には完全に解析可能です。

同じことは伝統技術の世界にも言えます。どれほど優れた技術を持っていたとしても、その背後には必ず物理的な理があります。科学的な方法論の有効性が証明された現在、古臭い伝承体系にこだわる必要はあるのでしょうか？　むしろ、力学の知恵を使って新しい教育方法を構築した方が建設的ではないでしょうか？

理解することと習得すること

残念ながら、話はそれほど簡単ではありません。なぜなら、理解と習得は似て非なる概念だからです。私たちは、頭で理解したからと言ってそれをすぐに使えるようになるわけではありません。頭で理解しても、それを自由自在に使いこなすためには別の努力が必要です。武術や伝統技術の目的は理解することではありません。使いこなすことです。むしろ、理解しなくても使えればいい、という発想すら持ち合わせているくらいです。ですから、頭で理解することを目的にした教育方法は馴染みにくいのです。例えば、私が学んだ体系には、

「指先まで水を通すように動く」

というアドバイスを受けながら教わる腕の動きがあります。もちろん実演を交えながらです。意味のわからない説明ですが、面白いことに、理屈は分からなくても、これで使えるようになる人は多くいます。それに対して、

「肘関節を支点としたトルクをゼロにする角度に腕を調整しながら動く」

と言ったらどうでしょう？　これは力学的には（概ね）正確ですが、おそらく、この説明でこの技術を使えるようになる人は少ないでしょう。説明とイメージが直結しない

からです。また、仮にこの説明でその動きが出来たとしても、応用の利かない動きになってしまいます。

正確であることがむしろ学習を妨げてしまう一例です。このように、身体感覚の伝達のためには、前者のように実演とリンクした曖昧な表現の方が有効です。後者のような正確な説明が有効なのは、むしろ身体感覚を獲得してからです。特に初学者にとって、説明の順番というのは案外大切なのです。

加えて、対象が複雑という事情もこの傾向に拍車をかけます。私たちは既に、原理が分かっていても現実的には解析不可能なことがあることを学んでいます。人間の身体は複雑です。ロボットのように「可動部分のある硬い物体」という単純な作りはしていません。身体のあらゆる場所に筋肉という力の発生機構があり、骨と骨の接点は広い意味で全て関節になっていて、しかもわずかに伸び縮みします。皮膚は体組織にゆるく結合しているのである程度の可動性をもち、質量の分布も前後左右非対称です。その上、直立二足歩行という不安定な状態を常に制御しながら運動しています。この複雑な物体の運動をニュートンの運動法則だけで理解するのは、原理的には可能かも知れませんが至難の業です。もちろん、近似的に運動法則を適用することはできます。例えば、関節の曲げ伸ばしを伴う運動であれば梃子《てこ》の原理が応用できますし、単純な殴打程度であれば運動量にまつわる法則が適用できるでしょう。

そういう解析が有効な場面もたくさんあります。ですが、それも理想的な環境での話です。力学に基づいて全ての動きを完璧に解析するのは現実的ではありませんし、何より、仮に解析出来たとしても、その結果を聞いた人間がそれに基づいて身体を操作するのは不可能です。我々人間は、運動量やエネルギーのことを考えて身体を動かしている訳ではないのです。これは伝統技術でも同じです。職人さんが持つ複雑な技術を要素に還元するのは非常に難しいことですし、仮にそのような「科学的」な説明がなされたとしても、それを元に人がその技術を習得するのは難しいでしょう。

ところで、このような身体感覚の伝承というのは特別なものではありません。例えば、皆さんは自転車の乗り方をどのように覚えたでしょうか？ 私の場合、最初は父親にアドバイスをもらいながら後ろを支えてもらいました。そしてある時、いつの間にか父親が手を離しているのです。支えられていると信じている間は乗れているのに、支えられていないと分かった途端に転んでしまったのを覚えています。ですが、この経験から自分が自転車に一人で乗れることを学び、その後の上達はスムーズだったと記憶しています。このパターンは案外多いのではないでしょうか。

では、自転車の乗り方を言葉だけで誰かに伝えることは出来るでしょうか？　おそらく非常に難しいでしょう。自転車に乗る感覚を身につけるには、やはり自転車に乗る体験が不可欠です。確かに、練習の過程では「ペダルを踏み込んで」とか「もっとスピードを上げて」などの説明もありますが、その言葉が真に理解できるのは実際に乗れるようになってからです。後から振り返って、「ああ、この感覚を伝えたかったのか」となって初めて、自分が「自転車に乗る感覚」を伝承され、習得したことに気付きます。この場合でも、感覚による習得が先にあり、言葉は後から付いてきます。

「1＋1」と「5＋3」はどちらが難しい？

私は、学校の勉強も含めて、全ての学びは習得ありき、すなわち、感覚の伝達が先にあるべきだと思うのです。乱暴に言うなら、習うより慣れろです。人間というのは面白いもので、感覚として習得したものを抽象化する能力を持っています。これは、第4話でお話しした、質量や力という概念を自然に理解するのと同じ種類の能力です。言葉による説明というのは、習得が進んで、それが抽象化される時になされるのが一番効果的です。逆に、習得の前に正確すぎる説明がなされてしまうと、むしろ理解を妨げてしまうと私は思うのです。

例えば、1+1と5+3はどちらが難しいでしょう？　おそらく、この本を紐解かれている皆さんであれば、どちらも同じ程度に簡単と感じると思います。自然数の足し算の本質は「1を足す」事にあります。1を足すということは次の自然数に移動するということ。ですから、5+3というのは5の次の次の次の自然数を意味するので、結果は8になります。その意味で、自然数の足し算というのは本質的に1+1=2で尽きています。皆さんが自然数の足し算を何の苦もなく出来るのは、この本質を感覚として理解しているからです。実際、小学校時代を思い出してみると、1+1はすぐに分かっても5+3はよく考えないと出来ない、という時代があったはずです。これが習得過程です。

おそらくこの時期には、先生がおはじきなどの目に見える道具を使いながら、実演を交えた説明をしてくれたはずです。その後、練習問題を繰り返す事で、まずは感覚として、自然数の足し算の本質が1+1にある事に気付きます。その感覚を言葉として認識するのは最後の段階です。

もしこれが逆ならどうでしょう？　最初の段階で、

「自然数の足し算は1＋1が本質である。したがって、これができれば良いのだ」と説明されて、それで自然数の足し算を理解しろと言われたら、困ってしまいませんか？

抽象的で正確な説明というのはカッコイイのですが、初学の段階ではむしろ害になります。言葉が意味を持つのは、自分の中に習得した概念が息づいている時だけです。言葉の役割は「感覚」に形を与えることだからです。

本当に伝えたいこと

学校の先生が伝えたいのは、抽象化された言葉ではなく、その背後に息づく「感覚」です。算数だけではありません。国語も理科も歴史ですら、先生が一番伝えたいのは知識ではなく、先生の中で血肉になっている「感覚」です。国語の授業で色々な文章を読むのは、どんな文章を読んでもそこから何かを汲み取れるようにするための感覚を学ぶためですし、理科でたくさんの自然現象を学ぶのは、その背後に潜む自然法則を感覚として理解するためです。そして歴史を学ぶのは、私たちが暮らす「現在」が過去の出来事の帰結であり、私たちの未来が、過去の歴史からある程度想像可能であることを感覚として学ぶためです。頭で理解するのは、感覚を得るための通過点に過ぎません。

ところが教育の現場では、言葉による説明がほとんど唯一の伝達手段になっていて、肝心の「感覚」を伝えられるかどうかは教員の才覚に任されているように感じます。おそらく、それが問題だという意識すら希薄でしょう。もちろん、最低限の説明をするのが教師の役割であって、それを血肉にするかどうかは個人の責任である、というのも一つの考え方かも知れないのですが、私が思うに、それは才能のある人の考え方です。先に述べた自転車や算数の例のように、ほとんどの人にとって、感覚を得る前にされる正確な説明は害になります。才能のある人というのは、逆説的に言えば、わからない事を放っておけるのでしょう。そういう人は、「正しい」説明を棚上げしておいて、感覚を摑んでから吟味する、という離れ業ができます。ですが、ほとんどの人は違って、先生が説明したことを真正面から受け取って実践しようとしてしまいます。そんな真面目な人ほど余計な時間を使い、その情熱を枯らしてしまうというのは大変寂しい事です。

私は、武術や伝統技術の世界で脈々と受け継がれてきた「感覚を伝えるための技術」の中には、現代の教育を一新させるヒントがあると睨んでいます。「気」や「勁」といった意味不明な言葉たちも、感覚を伝える自然に発生した言葉です。おそらく、ほとんどの人に共通する独特の感性があって、それを比較的直接表現出来ているのでしょう。こうした技術を無色化すれば、あらゆる学びの場面で使える、非常に実りの多い理が得られるのではないかと思うのです。

そうして無色化された理は、武術や伝統技術の世界にとっても有益でしょう。武術や伝統技術の世界には、原理的な説明をあまりに軽んじる風潮があります。習得すれば良いのは確かですが、その「感覚」を客観視する視点があるかないかで、将来自分が指導する際の厚みが変わるはずです。そこには、学問の世界で培われた無色化・抽象化の技術が必ず役に立つはずです。そして、感覚を伝承する技術を持っているのは武術や伝統技術の世界だけではありません。スポーツや医療技術を伝える現場には、それぞれに素晴らしい体系が受け継がれています。特に日本には、まだまだそのような伝承がたくさん残っています。そういう方面に縁のある方の中から、世界中の教育方法に革命を起こすような理を形にして下さる方が現れることを願って止みません。

第７話　未来の世界を何で観る？

「スケール」で変わる世界

ここまでのお話では、日常の生活の中で体験する出来事から理を抽出してきました。地球が太陽の周りを回っていることも、物体の運動を支配している法則も、日常の現象を丁寧に観ることでその姿を現しました。その際に使った無色化の技術は、学問の世界だけにとどまらず、あらゆる雑多な物事に筋を通して理解するための頼もしい道具になることをうっすらとでも感じていただけていれば嬉しく思います。

ここで一度立ち止まって「日常の現象」とは何なのかを見直してみましょう。あなたは今、何を見ていますか？　私は例によって電車の中でこの原稿を書いていますが、周りに見えるものと言えば、電車の車体、座席に座るサラリーマン、彼が読む文庫本、そして、なぜかいつも落ちている空き缶といったところでしょうか。きっと、この後電車を降りれば、駅のホームを見て、地上では自動車や建物を見ることになるでしょう。このたくさんの物たちは、間違いなくこの世界を構成する要素です。私たちはその構成要素を目で見て、その動きを支配する運動法則を読み取ることが出来ました。その運動法則は、世界のあらゆる物体に適用できることはこれまで見てきた通りです。何の問題もありません。

ところで、世界の構成要素はこれだけでしょうか？　つまり、私たちの世界を構成しているのは、私たちが目で見ている物だけでしょうか？　もっと広く言うなら、世界は、私たちの五感で捉えられる物だけで出来ているでしょうか？

答えは明らかにノーです。小学生の頃、池の水を顕微鏡で見たことを覚えている人も多いと思います。そこには、数え切れないほどの微生物がいたはずです。当時私が使った顕微鏡の倍率はせいぜい２００倍程度でした。その倍率で見える微生物の種類は高が知れています。当時手元にあった図鑑には、８００倍程度まで拡大すると見えてくる微生物が載っていました。なんとかその微生物を手持ちの顕微鏡で見えないかと目を凝らしたのを今でも覚えています。これらの微生物たちは肉眼では見えませんが、間違いなくこの世界の住民です。

ある世界を構成している物体のおおまかな大きさのことを、その世界の「スケール」と呼びます。私たちが肉眼で見ている世界は概ね1m程度の大きさの物体で出来ていますから、我々が通常肉眼で見ているのは1m程度のスケールの世界です。顕微鏡の倍率を上げるとその倍率に応じたスケールの世界が見えるようになります。倍率を変えるごとに、プランクトンの世界、細菌の世界、ウイルスの世界……というように生き物もどんどん様子を変え、ある領域から先には私たちが生き物と呼べるようなものもいなくなります。

そして、さらに小さな領域には、もはや現在の技術では視覚化出来ない領域が広がっている。もちろん、星のように大きなスケールの世界もあります。この世は、スケールごとに異なる様相を持つ世界が階層構造を成していて、恐ろしいことに、そのほとんどの階層は人間の五感では検知出来ません。

また、世界の様相は「何で見るか」によっても変わります。例えば、私たちは世界を光で見ていますが、光の正体は電場と磁場の波、つまり電磁波です。私たちが普段「光」と呼んでいるのは、波長が380nm（ナノメートル）から770nmの間の電磁波です。ですが、電磁波というのはその名の通り波ですから、その波長は原理的にはどこまでも小さくなれますし、どこまでも大きくなれます。例えば、紫外線は紫色の光よりも少し波長の短い電磁波です。これは目には見えませんが、もし私たちが紫外線しか見えない目を持っていたら、世界はガラリと様子を変えます。ガラスはもはや透明ではなく、モンシロチョウのオスとメスは色の違う蝶に見えるでしょう（ガラスは紫外線を部分的に遮断しますし、モンシロチョウの羽は雌の方が紫外線を強く反射します）。

紫外線程度ならまだマシですが、可視光線とは極端に波長の違う電磁波で世界を眺めたら、そこに現れる世界は普通の視覚で見た世界とは似ても似つかないものになります。また、視覚で見るのを止めて、この世界を聴覚や嗅覚・触覚だけで「観た」としたら、世界の表現方法そのものが大きく変わりますし、もっと言うなら、そもそも五感でとらえられる領域自体が限定的です。私たちが全世界だと思っているものは、この世界の本当にびっくりするくらい小さな一部分に過ぎないのです。

見えないものを観るために

ですが悲観する必要はありません。たとえ五感で認識できるものは少なくても、どうやら私たちには、見えないものを「観る」能力がちゃんと備わっています。

普段当たり前のように使っている「力」「質量」といった言葉たちは、本来はとても抽象的で高度な概念であることは既に説明した通りです。また、現在の私たちは「重力」という概念が意識の中に深く根を下ろした状態で世界を眺めていて、重力の概念を知らない時代の人々とは違った見方で世界を眺めているだろう、ということもお話ししました。これこそが、見えない世界を観る能力の現れです。

同じことは日常の色々な場面で起こっています。例えば紫外線は目に見えませんが、「紫外線が当たるから肌が焼ける」という説明を聞いたことのある人は多いでしょう。「肌が焼ける」という目に見える現象の原因として「紫外線」という、不可視ながら実体のある存在を想像できます。電波も目には見えませんが、携帯電話は電波を使って通信しています。詳しい仕組みはともかくとして、この世界には目には見えないけれども「電波」なるものがちゃんと存在していて、それを介して会話が出来るのだと理解できます。紫外線や電波の存在を知り、その理を通じて世界を観ることで、いつしか私たちはその存在をまるでそこにあるかのように認識します。紫外線や電波が目に見えるようになった訳ではありません。たとえ五感には感じなくとも、その存在を言葉で括り、その理が意識に根付くことで「観える」ようになったのです。

これはかなり一般的に言える事です。私たちは生まれながらに、目に見えない抽象的な概念を言葉の形で括り、意識の中に具体化する能力を持っています。「重力」「質量」「力」「紫外線」「電波」といったものたちは、どれも五感では認識できないものばかりですが、私たちのこの能力を通じて意識に深く根付き、世界観の根底を形作っている。もっと言うなら、ありのままの世界などというものがそもそも幻想です。今目で見ている世界は、五感に加えて、意識に根付いた理というフィルターを通じて観た世界です。私たちは、理と、そこから生まれた言葉や概念というフィルターを通してしか、世界と触れ合えないのです。

ところで、私たちが五感と既知の理をフルに使って観ているこの世界は、世界の全てでしょうか？　おそらく皆さん同意してくれるでしょう。間違いなく「ノー」です。私たちが「理」というフィルターを通してしか世界を認識できない存在である以上、意識に染み込んだ理や概念が変われば、世界はその姿を変えます。五感はともかく、私たちが認識する世界は、新しい概念が登場する度にどんどん増えて行くはずです。私たち自身がそうであったように、私たちの子供達は将来、私たちとは違った世界を観ることでしょう。

実は、その片鱗は既に現れています。

「その存在は知られているけれど、まだ意識に根付いていない理」というものが確実に存在するのです。ニュートンが重力を発見した当時、多くの人はまだ重力の存在を知りませんでした。その時代の主流の世界観は、古い理を土台にしたものだったはずで、もし当時の人たちに「リンゴは重力があるから落ちる」と言ったら大変な違和感を持ったはずです。しかし、当時は最新科学だった重力も徐々に人々の間に広がり、今やほとんど全ての人の意識の底に根付き、世界観の土台を形作るに至りました。これと同じことが、今まさに起きています。

相対性理論の難しさを解体しよう

本書の後半を使って、そんな「未来の世界観」の土台を作る理の一つを紹介したいと思います。おそらく一度は聞いたことがあるでしょう。アルバート・アインシュタインが発見した「相対性理論」です。ひとつ注意しておくと、相対性「理論」は、度々登場した相対性「原理」とは（関係していますが）別物なのでごっちゃにしないように気をつけて下さい。それから、相対性理論には2種類あります。第8話でお話しする「特殊相対性理論」と、第9話でお話しする「一般相対性理論」です。どちらもアインシュタインによって作られて、関係しているのですが、別の理論です。ややこしいですね。ですが、今はその違いを意識する必要はないでしょう。この本で「相対性理論」という言葉が登場したら、大まかに、特殊相対性理論と一般相対性理論の両方を指しているんだな、と思っていただければ良いと思います。

実のところ、相対性理論はさほど難しい理論ではありません。余談ながら、私が大学で勉強したかったものの一つがこの相対性理論なのですが、大学の教官に「一般はともかく、特殊相対性理論ごとき自分で勉強するもんだ」と言われて仰け反ったのは良い思い出です。そう言われたので勉強してみると、確かに世間で言われるような難しいものではありませんでした（教えてもらえるまで待っていたとは、我ながら実に愚かなことでした）。それにもかかわらず、この理論が難しい物理の代名詞のように扱われるのは、時間や空間の考え方が19世紀までの常識と違うからでしょう。その部分さえ了解すれば、相対性理論はむしろ非常に素直で分かりやすい理論です。

そこでここからは、相対性理論を理解するためのクッションとして、時間や空間にひそむ「当たり前」を無色化しましょう。その暁には、アインシュタインの言わんとした事がとても身近に感じられると思います。

時間の正しい測り方

最初に「時間」について考えましょう。「時間とは何だろうか?」などという壮大な事を言い出すつもりはありません。それはそれで大変面白いですし、ある意味、素粒子物理屋としての私の研究目標の一つでもありますが、それを話し始めると何時間もかかる上に結論が書けません。ここでは、もっとシンプルに、こんな問いかけからはじめましょう。

「私たちはどんな時に『時間が経っている』と感じるでしょう?」

改めて問われると困ってしまうかも知れません。何しろ、私たちはどんな時でも時間を感じるからです。

そこでこんな場面を想像してみましょう。あなたは今、宇宙空間にぷかりと浮いています。例によって星も何も見えない完全な闇です。以前はリンゴに乗った妖精さんが目の前を横切って行きましたが、今回はそれもありません。ついでに、自分の身体もなくて、変な言い方ですが、意識だけがその空間に浮かんでいるような状態です。さて、この状態で時間を認識出来るでしょうか？

どうでしょう？　かなり難しいと思いませんか？　何しろ周りは完全な闇ですから、考える事くらいしか出来ません。そして、周りに動くものがないので、その思考にどのくらいの時間をかけているのか、客観的に比較することも出来ません。頭の中で数を数えるなどすればそれが独自の時間感覚になるのかも知れませんが、それはあくまで主観です。私たちが思い描くような「一定の間隔で刻まれる時間」という認識にはほど遠いものです。

おわかりでしょう。私たちは、物が動く事を通じて時間を認識しているのです。日常生活でどんな時でも時間が経っているように感じるのは、私たちが動くものに囲まれているせいです。人が歩いたり、空き缶が転がったり、木の葉が揺れたり、そういうものの動きを互いに比べることで、私たちは時間の長さを測ります。これは、「泡がはじける程の間に」とか「日が暮れてしまう程長く」などといった日常の表現に現れています。

時間を認識するだけなら動くものがあれば十分ですが、その時間を測りたいとなれば、もう少し注意深く考える必要があります。何かを測るためには基準が必要だからです。例えば、長さは物差しを使って測りますが、これは、「物差し」という物体を基準にして他の物体の長さを表現することに他なりません。では、時間を測るには何を基準にしたらいいでしょう？

答えは簡単です。時間を測るには「同じ動きを繰り返すもの」を基準にすればよいのです。それが「時計」です。同じ運動を繰り返すものなら何でも時計になり得ます。例えば、太陽は毎日必ず東の地平線からその姿を現します。そこで、「太陽が東から昇るのにかかる時間」を1日と定めました。

その他にも、振り子運動、細い管から水が周期的にしたたり落ちる現象、極端な話、食事をしてからお腹が空くまでの時間であっても、それが繰り返し起こる現象なら時計の候補になり得ます。実際、これらの現象から「振り子時計」「水時計」「腹時計」が作られます。ちなみに現在では、1秒という時間は「セシウム133原子の特定な放射の周期の91億9263万1770倍」というややこしい定義をしていますが、これはより厳密な時間の定義が必要になったからであって、「周期的な運動を使って時間を測る」という原則は健在です。

現代の私たちは、時間の概念を使って運動の様子を表現するのに慣れています。日常的に「東京から大阪まで2時間」とか「時速40㎞」などという表現を使うのはその現れです。ですが、もとを正せば、時間というのは運動ありきです。私たちはともすれば、「時間が経つからものが動く」と考えてしまいますが、これは逆です。ものが動くから時間を定義できるのです。この世界に目に見えない「時間」というものが流れていて、その流れが運動を生み出している、という現代人が持つ世界観は、ある意味錯覚です。

時間とはあくまで手元の時計で測るもの、という当たり前の事実を、どうか頭の片隅に残しておいてください。

全宇宙情報ネットワーク

唐突ですが、このように考えた事があるでしょうか?

「私たちは通信で世界を認識している」

皆さんは今、文字で書かれたこの文章を読んでいます。紙の上に置かれた特定の形のインクの染みを文字と認識しているわけですが、実は、皆さんが見ている文字は、正確には紙の上のインクの染みではありません。

「ついにおかしくなったか……」と思うのはちょっと待っていただきたい。まあ、変わり者であることは否定しませんが、たまにはいつもと違った世界の眺め方をしてみるのもオツというものです。

　人が文字を認識するプロセスを丁寧に見直してみましょう。最初に本に光が当たります。光は紙の表面で反射しますが、紙の表面にはインクの染みがあるため、反射した光は特定のパターンを持った光線となって皆さんの目に飛び込みます。眼球で集光された光が眼球の奥にある網膜に到達すると、光は電気信号に変換され、その信号は視神経を通じて脳に送られます。脳は、視神経からやってきた電気信号を処理し、記憶や言語などを司る脳の様々な領域と通信を行いながら、その信号を脳内の別のネットワークと照合し、「意味」とリンクさせて行きます。そうした数多くの処理を行った結果が私たちの視界です。インクの染みを言語と認識できるのも、こうした情報処理のおかげです。ですから、私たちが「文字そのもの」だと思って見ているこのインクの染みも、つまるところ、網膜に飛び込んだ光の刺激を元にして脳が作り上げた、意味や先入観の塊に過ぎません。言うなれば、視界というのは「光から判断した世界の想像図」です。決してありのままの風景ではありません。

　このように、私たちの視界は光で外界と通信をした結果として生まれます。外界に直接触れているのではなく、「光」が橋渡しをしてくれるお陰で視界が得られるのです。

そして、通信を通して受け取った情報からどんな外界を想像するかは人間側の問題です。こうしたことは五感のすべてについて言えます。聴覚は空気の振動が、嗅覚は匂いを持つ物質が外界の情報を橋渡ししてくれています。ものを「識る」というのは、それがどんな内容であれ、必ず情報の通信を伴うことに気付いていただけたでしょうか。

通信と言ってもそのやり方は様々です。視覚は光が媒介していますし、聴覚は空気の振動が媒介します。五感を離れれば、私たちの周りには様々な通信機器が溢れています。

通信の質を評価する基準はたくさんありますが、その中でも大切なのは通信のスピードでしょう。通信速度が速ければ速いほど、身の周りの情報をいち早くキャッチできます。これは、生き残る上でとても大切な事です。専門家でないので断言出来ませんが、多くの生き物が進化の過程で「視覚」を獲得したのは、光のスピードが他のものに比べて格段に速いからというのもあながち間違いではないように思います。

そこでこんなことを考えてみましょう。

「この世界の通信速度に原理的な限界はあるか？」

つまり、どんなに頑張っても超えられない、情報伝達のスピードの限界がこの世に存在するか？　という意味です。別の言い方をするなら、遠くで起こった出来事（例えば、アンドロメダ銀河で星が爆発したことにしましょう）は、原理的に、最短でどのくらいの時間で知ることが出来るだろう？　ということです。あくまで「原理的」なので、現代の技術が追いついていなくても構いません。ちょっと不敬な言い方かも知れませんが、「地球にいる神様は、アンドロメダ銀河で起こった星の爆発をどのくらいの時間で知ることができるか」

という問いです。

これには二つの可能性があります。一つはこうです。

「私たちが知っているか知らないかはともかく、アンドロメダ銀河で星が爆発をしたのは事実なのだから、原理的には一瞬で知ることが出来る」

つまり、「この宇宙では、情報はどんなに遠いところにでも一瞬で伝わる」という答えです。

もう一つの可能性はこうです。

「たとえ神様であっても、アンドロメダ銀河で起きた星の爆発を知るには一定の時間が必要である」

これは、「この宇宙では、情報伝達のスピードに上限がある」という意味です。さて、皆さんはどちらが正しいと思いますか？　神様は、この宇宙をどちらの原理に基づいて作られたでしょう？

なぜこんな話をはじめたかと言うと、「情報伝達のスピード」という概念は意外な話が繋がって、実に面白い結論が得られるからです。その結論は、面白いだけではなく、次の章で本質的な役割を果たすのですが、それは今は考えなくてもよいでしょう。ここでは、単純に思考のお遊びとして楽しんでいただければ十分と思います。

「宇宙標準時」を決めるには？

まず、情報伝達のスピードには上限が「ない」と仮定してみましょう。

つまり、宇宙のどんな場所で起こった出来事も、原理的には一瞬で知ることが出来る、という宇宙です。これは案外普通の感覚に近いのかも知れません。人間の技術は未熟なのでともかくとして、神様や高度な宇宙人はそのくらいの事はこなしてくれそうな気がします。

実は、これを仮定するとこんな事が言えてしまいます。

「この宇宙には、場所によらない共通の時間が流れている」

つまり、手元の時計で1時間経つと、宇宙の全ての場所で同じく1時間が経過する、ということです。「なんだ、当たり前じゃないか」と思われるかも知れませんが、実はそうでもなくて、これは思い込みなのです。なぜなら「時刻」はれっきとした情報だからです。

例えば、非常に遠い将来、日本が宇宙を支配したとしましょう（笑）。宇宙を支配するに当たって、宇宙全体で通用する時刻を作らなければいけません。その「宇宙標準時」として日本時間を採用することは可能でしょうか？

今の仮定の下であれば、答えはＹＥＳです。まず、全宇宙の首都である東京に「標準時計」を置きます。今、全ての情報は距離に関係なく一瞬で届けられると仮定しているので、その方法を使って標準時計が差す時刻を全宇宙に送信すれば、宇宙のあらゆる場所に置かれた時計を東京の時計と同期させることができます。

時間とは手元の時計を使って測るものである、という原則を思い出してください。今の方法を使えば、全宇宙のどこにいても実質的に一つの時計で時間が測れます。つまり、東京の時計で1時間経てば、アンドロメダ銀河の時計でも同じく1時間経っている。これは、全宇宙で場所によらない共通の時間が流れていることを示しています。

このように、宇宙全体で通用する共通の時間の事を「絶対時間」と言います。これまた、皆さんが普段思い描いている時間の感覚に近いのではないでしょうか。つまり、私たちは宇宙全体を流れる悠久の「時間」という流れの中にいて、その時間が宇宙全体の運動を作り出している、という感覚です。普段はあまり意識してないかも知れませんが、この「絶対時間」という感覚は、情報の伝達が一瞬で行えるという信念に裏打ちされています。

私たちがこんな信念を持つ理由は簡単で、単純に、私たちが地上で暮らしているからです。今、私の隣には見知らぬ方が座っていますが、この方は私と同じ時間を共有しているはずです。私がこの原稿を1時間書いた時、隣にいる方の時計では2時間経っている、なんてことはないでしょう。私が1時間の時間を使っている間、全世界の人々は等しく1時間の時を過ごしていると思います。そのように考えてこれまで何の不都合もありませんでしたし、むしろそこを疑いながら行動していたら社会生活が危うい。そして、これで不都合がない理由は、地上のどこにいようと（ほぼ）一瞬で情報伝達が出来るからです。つまり、イギリスにあるグリニッジ天文台の時刻を、全地球上でリアルタイムに共有出来ているからです。だからこそ、私たちは全地球上で同じ時間が共有されている、すなわち、地上には絶対時間が流れている、と考えて生活できるのです。

私たち人類にとって、世界とは未だに地上のことです。時代は21世紀に入り、人類は活動の場を宇宙に広げつつありますが、それでもなお、宇宙は感覚的に捉えるには広すぎます。ですから、私たちの感覚にとって、地上で成り立つ理は、すなわち、世界で成り立つ理です。ですが、冷静に考えれば、地上で成り立つからと言って宇宙全体で成り立つと考えるのは早合点であることも分かると思います。現に私たちは、感覚に反して地球が丸いことを認めていますし、地球が太陽の周りを回っていることを認めています。この宇宙全体に絶対時間が流れているというこの感覚は、「地球は平らである」とか「地球が宇宙の中心である」という考え方がかつてそうであったように、「自分の周りではそうだから」というとても弱い根拠が土台になっているのです。そして、そこには本質的に「情報伝達のスピード」が関わっています。

情報伝達の最大速度「Vmax」

次に、先程とは反対に、情報伝達のスピードに上限が「ある」と仮定してみましょう。つまり、この宇宙には、それ以上速くは情報を伝えられないような、「情報伝達の最大速度」なるものが最初から設定されている、という仮定です。そのスピードの事を、仮に「Vmax」と表すことにしましょう。

先程の議論を思い出すと、この仮定を置くことで絶対時間の土台が揺らぐのはすぐに分かりますが、それはひとまずおいておきます。ここでは別の視点に立ちましょう。すぐさま、面白いことが二つ言えます。

第一に、どんな物体もVmax以上のスピードに加速することは出来なくなります。理由は簡単で、物体を使えば、例えばそこに文字を書くなどして、情報を送れるからです。もし物体をVmaxよりも速く飛ばせたら、それを使ってVmaxよりも速く情報を送れてしまいます。これは「情報伝達の最大速度はVmaxである」という大原則に矛盾してしまいますよね。ということは、話の前提の方が間違っていて、情報伝達のスピードにVmaxという最大値がある世界では、どんなに頑張っても物体のスピードをVmax以上には加速出来なくなってしまうのです。

もう一つ面白いことが言えます。大前提として、第3話でお話しした「相対性原理」は揺らがないことにしましょう。つまり、どんな速さで動いていようと、等速直線運動をする限り、物理法則は何の変更も受けない、という原理です。これは、等速直線運動している状態と静止した状態でどんな実験をやったとしても、結果は同じである、という意味である事は既に説明した通りです。

そこで、「情報伝達の最大速度を測定する」という実験を、等速直線運動している人と静止した人がそれぞれ独立に行うことにします。実験の詳細は重要ではありません。重要なのは、その実験が原理的に行えるという事です。今、「情報伝達の最大速度」というものがあれば、それは物理的に決まった値ですから、何かしらの物理法則に反映されるはずです。その物理法則を使った実験であれば何でも良いのです。

その結果は当然こうなるはずです。

「等速直線運動していても、静止していても、情報伝達の最大速度はVmaxである」

もしその値が違っていたら、等速直線運動している状態と静止した状態で物理法則が変わってしまうので、相対性原理に反するからです。

ところで、視覚情報は光によって、聴覚情報は空気の振動によって運ばれるように、情報というのは必ず何らかの物理的な実体を持ったものによって媒介されます。決して「情報」という抽象的な何かが単独でフワフワと飛んで行くようなものではありません。ですから、情報伝達の最大速度があるということは、そのスピードで動く物理的な実体があるということです。これは恐ろしいことを意味します。

「速さVmaxで動く物体のスピードは誰から見ても変わらない」

そんなものが本当にあるでしょうか？　例えば、ピッチングマシンのように、時速100㎞で野球のボールを投げる装置があったとしましょう。その装置を（地上から見て）時速300㎞で進む新幹線の上に設置して、前方にボールを打ち出します。そのボールのスピードを地上から測れば、そのボールのスピードは時速400㎞になるはずです。これが常識というものです。

ところが、新幹線に載せる装置を「速さVmaxで物体を放出する装置」に取り替えると話が変わります。新幹線は等速直線運動していますから、物理法則は静止している時と同じ。装置は正常に作動して、設計通り、速さVmaxで物体を前方に放出します。つまり、新幹線から見れば、その物体のスピードはVmaxです。ところが、右の結論は、この物体のスピードを地上から測ってもVmaxであるというのです。これは、全く常識外れです。

Vmaxは時速300㎞よりもずっと大きいから、その差は気にならないんだ、という考えもあるかも知れませんが、それなら、新幹線をやめて、Vmaxの80%のスピードを出せる未来の宇宙船にしましょう。この宇宙船に同じ装置を取り付けても、得られる結論は同じ。宇宙船から見ても地上から見ても、その物体はVmaxで飛ぶはずです。そんなものが本当にあるかどうかは別にして、実に面白い現象です。

いかがでしょう？　思考のお遊びとは言え、「情報伝達の最大速度」という視点から、時間や物体の運動にまつわる性質が出てくるというのは結構意外なものではなかったでしょうか。実は、これこそが相対性理論の「肝」です。と言うより、いつの間にやら相対性理論の大切な部分は語り終えました。次の章で最後のピースを嵌め込んで、特殊相対性理論の絵を完成させましょう。

第8話　光が導く時間と空間の新しい姿

危うし相対性原理！

世界のスケールのお話の中で述べたように、光の正体は電場と磁場の波、つまり電磁波です。ちなみに、電波、マイクロ波、赤外線、紫外線、X線、ガンマ線などは全て電磁波の一種で、光の仲間です。

これは、19世紀に精力的に行われた電気と磁気の研究からマクスウェルによって予言され、ヘルツによって実験的に確かめられました。電場や磁場という耳馴染みのない言葉が出て来ましたが、要するに、空間というのは空っぽではなくて、電場や磁場と呼ばれる「何か」で満ちていると理解しておけば十分です。

この「何か」は物質でこそありませんが、物理的な実体を持っていて揺れる事ができます。この振動こそが光の正体です。逆に言えば、この世に光が溢れていること自体が、私たちを取り巻くこの空間がその「何か」で満ちている証拠です。

電気と磁気の理論はとてもよく出来ていて、光のスピードを計算で導けます。そのスピードは1秒間に約30万km。もちろん、実際に測定しても同じ値です。30万kmというと地球7周半に相当する距離ですから、とんでもないスピードです。ですが、いくら速いとはいえ、そのスピードは有限ですから、皆さんが目にしている景色は、遠くの物ほど昔の物を見ていることになります。極端な話、星はとてつもなく遠くにありますから、星から地球に光が届くには何年も、下手をすれば何万年もかかります。例えば、今地球から見ている北極星は約430年前の北極星ですし、アンドロメダ銀河に至っては230万年前のアンドロメダ銀河を見ていることになります。

ここで一つ素朴な疑問が浮かびます。この「秒速30万km」というのは誰から見たスピードでしょう？　地上で止まっている物体でも、電車に乗ってみれば動いて見えるのと同じように、光のスピードは見る人によって違うはずです。一方、電気と磁気の理論は光のスピードが秒速30万kmであると主張しています。ということは、光のスピードが秒速30万kmに見えない人にとっては電気と磁気の法則が変わってしまうことになります。

ここで、第3話で登場した相対性原理の主張を思い出しましょう。

「どんな速さで動いていようと、等速直線運動をする限り、物理法則は何の変更も受けない」

第３話、第４話で見た通り、この原理こそが運動の法則の根底を支えてくれていました。ところが、右で述べたことが正しいとすると、電気と磁気の理論は、

「光のスピードが秒速30万㎞に見える人」

という特別な立場の人だけに成り立つ理論で、それ以外の立場の人から見ると変更を受けてしまうことになります。つまり、物の運動を考えているうちは成り立つように思えた相対性原理も、電気と磁気の運動まで広げたら成り立たなくなってしまうように思えるのです。もしこれが本当なら、これまで丹念に築き上げてきた基礎が大きな変更を受けてしまいます。

「光あれ」

これに気が付いた19世紀の科学者たちは、光のスピードが本当に変わるかどうかを確かめることにしました。簡単そうに思えますが、これは結構な難問です。そもそも光自体が超高速ですから、ちょっとやそっとの速さで動いたくらいではなかなかスピードの

差を見ることは出来ません。

そんな中、地球の公転を使えば良いことを思いついたのが、マイケルソンとモーレーという二人の科学者です。地球は太陽の周りを（太陽から見て）秒速約30㎞で公転しています。とすると、地球の公転方向に進む光と、公転に対して垂直方向に進む光には、同じ程度のスピードの差が生まれるはずです。そして、マイケルソンが考案した「干渉計」という仕組みを使えば、計算上、この程度のスピードの差は十分に測定できます。

1887年、二人は実際にこの実験を行いました。結果は驚くべきものでした。地球の公転方向と垂直方向に進む光のスピードには全く差が見られなかったのです。これは、光のスピードが誰から見ても変わらないことを示唆しています。ちなみに、今日に至るまで、光の見かけのスピードの違いを測定するための様々な実験が行われていますが、それらは全て、静止している人から見ても動いている人から見ても、光のスピードは変わらないという結果を返しています。

これは当時の科学者たちに衝撃をもって迎えられました。それもそのはずです。（地上から見て）時速300㎞で進む新幹線の上から時速100㎞のボールを前方に投げたら、新幹線の上から測ったボールのスピードは時速100㎞、地上から測ったスピードは時速４００㎞になるはずです。それが、秒速30万㎞の光の場合は、新幹線から見ても地上から見てもスピードが変わらないというのですから、常識外れも良いところです。

さて、お気づきの方も多いことでしょう。私たちは既に、19世紀の科学者たちよりも多くの準備をしています。前章の「思考のお遊び」を思い出して下さい。私たちは、「この宇宙では、情報伝達のスピードにはVmaxという上限がある」という仮定から出発して、「速さVmaxで動くもののスピードは誰から見ても変わらない」という結論に辿り着きました。そして今、誰から見てもスピードの変わらない存在が現実に姿を現しました。光です。これは、私たちの宇宙では、情報伝達の最大速度が秒速30万㎞であることを強烈に示唆しています。

このお遊びをした時には、そんなものが現実にあるわけがない、と思ったかも知れませんが、恐ろしいことに、身の周りにごく当たり前に存在する「光」が「そんなもの」だったことになります。現実がお遊びに追い付いてしまいました。

マイケルソンとモーレーの実験は、もちろん当時はそれを意図したわけではありませんが、私たちの宇宙が、「光よりも速いスピードでは情報を伝えることが出来ない」という原理を採用していることに人類が初めて気付いた瞬間でした。

さらに、電場と磁場の法則を詳しく調べてみると、期せずしてこの原理をベースに持つ理論になっていたのです。電気と磁気の理論から計算した光のスピードがいつも秒速30万kmになるのはこれが原因です。一方、ニュートンの運動法則にはこの原理は採用されていません。電場と磁場の法則とニュートンの運動法則が異なる原理のもとに構成されていて、ちぐはぐなのが問題だったのです。

特殊相対性理論はたったこれだけ

この事実に気が付いて、電気と磁気の理論ではなく、むしろ慣れ親しんだ運動の法則の方に変更を加えようと考えたのが、かのアルバート・アインシュタインです。ニュートンの運動法則には「情報伝達の最大速度」などというものは想定されていませんから、「光のスピードは誰から見ても変わらない」という現実と矛盾してしまいます。そこでアインシュタインは、次の二つの原則を満たすようにニュートンの運動法則を書き換えました。

1　相対性原理は正しい

2　光よりも速いスピードでは情報を伝えることが出来ない。つまり、光のスピードは誰から見ても同じ

特に新しいのが2で、「光速度不変の原理」と呼ばれます。こうして生まれた新しい運動法則を「特殊相対性理論」と呼びます。ちなみに「特殊」というのは、観測者として「等速直線運動する人」という特殊な状態に限っているからです。この条件を外すと「一般相対性理論」が生まれるのですが、それは一筋縄ではいかないので次のお話で紹介しましょう。

正直なところ、特殊相対性理論というのはこれだけです。特殊相対性理論で予言されるあらゆる現象は、右の二つの原則から導けます。もちろん、どんな場面でも使えるように定式化しようとすれば記述が抽象的になるのは避けられませんが、それでも、使うのは所詮高校で習う程度の数学です。数式にある程度慣れている人なら何も難しい事はありません。最近では良い教科書もたくさん出ていますから、興味のある方は勉強してみるのも良いでしょう。

この本の目的は特殊相対性理論について詳細に語ることではありませんから、数式を

使ったエレガントな説明は他書に譲ります。その代わりと言ってはなんですが、特殊相対性理論に特徴的な現象をいくつか紹介しましょう。

この理論の魅力は、何と言ってもニュートン以来350年以上培ってきた時間と空間の認識をガラリと変えてしまうところにあります。時計で測る「時間」と定規で測る「空間」は実は仲間で、どちらも見る人によって伸び縮みします。もっと具体的に言えば、速く動く物体の上では時間はゆっくり進み、動いている物体の長さは進行方向に縮みます。そして、その流れから自然に、質量とエネルギーが等価である事も導かれます。ニュートンの物理をベースに常識を構成している私たちにとってはほとんど夢物語ですが、これらは右の二つの原理から簡単に導けますし、何より観測事実です。これらを順番に見ていくことにしましょう。

動くと時間の進み方が変わる⁉

早速、相対性原理と光速度不変の原理だけを使って、速く動くと時間がゆっくり進むことを説明しましょう。これが他の現象を説明するための基礎になるので、少し丁寧にいきたいと思います。

まず思い出して欲しいのは時間の測り方です。時間というのは手元の時計で測るものでした。決して「宇宙全体に共通に流れる不可視の何か」ではありません。そして、同じ動きを繰り返すものであれば何でも時計になることもお話しした通りです。そこで、まずは時計を準備しないといけません。

どんな時計を使ってもいいのですが、光速度不変の原理を使うので、ある段階で必ず光を使う必要があります。最も手っ取り早いのは、光を使って直接時間を測ってしまうことです。そこで、【図2】（次ページ）の上部のような装置を考えます。仕組みは単純で鏡を向かい合わせに置いて、下の鏡にカウンターを取り付けるだけです。この光の運動は周期運動ですから、光が下の鏡に当たるたびにカウンターの数字が増えるようにしておけば、これは立派な時計になります。この装置を「光時計」と名付けましょう。例えば、鏡の距離を15万㎞とすると、光のスピードは秒速30万㎞ですから、1秒ごとにカウンターの数字が一つずつ増えます。15万㎞というのはとても長い距離ですが、説明を単純にするための設定と考えて下さい。

次に、地面に対して一定のスピードで動く乗り物を考えましょう。乗り物は何でもいいのですが、ここでは未来の宇宙船にします。その宇宙船には乗組員の太郎さんが乗っ

図 2

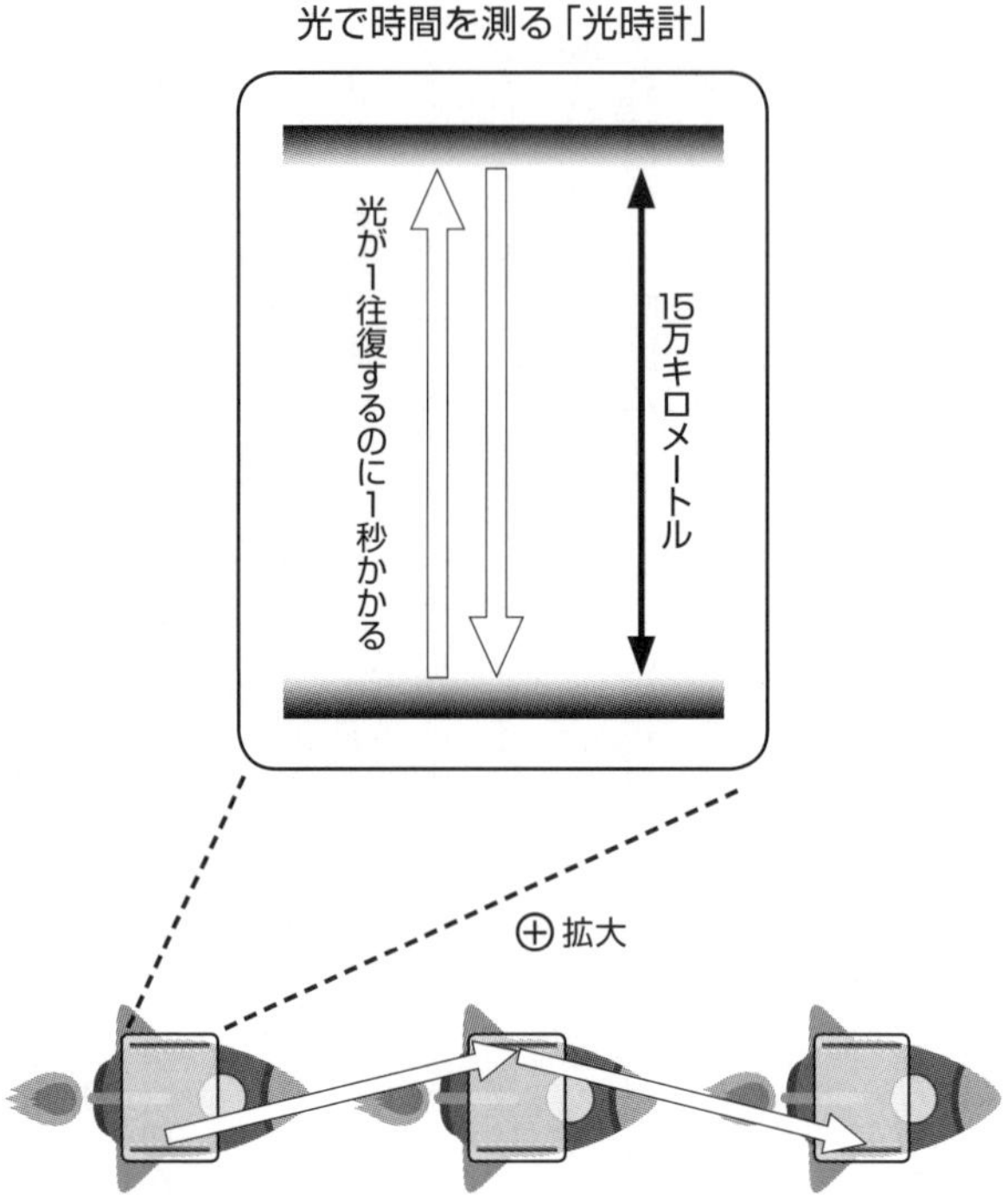

光時計を搭載して進む太郎さんの宇宙船

ていて、あなたの目の前を左から右へ通過していきます。

この宇宙船には、先程の光時計が搭載されているとしましょう。時計の向きは進行方向に垂直。つまり、進行方向と直交する方向に光が上下するように設置されているとします。この光時計が太郎さんにとっての時計です。高さ15万㎞の光時計が搭載された宇宙船はとてつもなく巨大ですが、まあ、未来の宇宙船なのでそんなこともあるでしょう。ついでに、中の光時計が外からも見えるように、宇宙船は透明だとします。これまた未来なのでそんなこともあるでしょう。宇宙を背景に巨大な透明宇宙船が飛ぶ姿はさぞ壮大でしょう。

大切なので繰り返しますが、時間は手元の時計で測るものです。ですから、宇宙船に搭載された光時計の数値は太郎さんにとっての時間そのものです。「宇宙船に積まれた光時計は地上とは違う動作をするんじゃないか？」と疑う方もいるかも知れませんが、相対性原理が正しい以上、その心配はありません。もしあなたの目の前に（静止した）光時計があったら、その光時計は正確に時を刻みます。太郎さんの宇宙船は等速直線運動をしていますから、物理的な立場はあなたと同じです。ですから、宇宙船の光時計は太郎さんの時間を正確に刻みます。

さて、地面に立つあなたから見て、太郎さんの光時計はどのように見えるでしょう？宇宙船は動いていますから、あなたから見ると宇宙船の中のものは全て宇宙船と一緒に動きます。光時計も、その中を飛ぶ光も例外ではありません。

動いている電車の中で真上に投げ上げたボールが、ホームに立つ人から見ると斜め上向きに動いて見えるように、太郎さんから見て上下に進む光は、あなたから見れば斜めに進みます（【図2】の下側を参照）。従って、鏡の間を一往復する光の道筋は、斜めになっている分だけ長くなり、あなたから見ると30万kmよりも長くなります。ここまでは常識通りです。

常識外れのことが起こるのはここからです。私たちの宇宙は光速度不変の原理を採用しているので、光のスピードは誰から見ても秒速30万km。あなたから見ても太郎さんから見てもその値は同じです。あなたから見ると光が一往復する距離は30万kmよりも長いので、当然、光が一往復するのにかかる時間は1秒よりも長くなります。

一方、太郎さんにとっては目の前の光時計は静止した光時計で、光の経路は往復で30万km。光が一往復したときにはちょうど1秒が経過します。「光が一往復する」という現象は二人にとって共通であるにもかかわらず、それにかかる時間は太郎さんにとっては1秒で、あなたにとっては1秒より長いのです。逆に言えば、あなたの時計で1秒経過する時、太郎さんの時計ではまだ1秒経過していません。つまり、あなたから見て太郎さんの時間はゆっくり進んでいるのです！　これが特殊相対性理論における時間の遅れです。

「いや、これはおかしい。単純に時計の進み方が変わるというだけで、それは時間の流れとは関係ないはずだ。だまされないぞ！」と感じる方はきっと多いと思います（何を隠そう、私がそうでした）。そして、この感情こそが、これまで常識として疑いもしなかった「時間観」に外から触れた証拠です。皆さんは、今まさに相対性理論の本質に触れようとしています。

寿命が延びる「ミュー粒子」の不思議

これまで事あるごとに「時間は手元の時計で測るもの」と強調してきたのはこの時のためです。どうか冷静に思い返して下さい。時間とは物体の運動によって測定されるものです。ですから、ある人の目の前に置かれた光時計の表示は、その人にとっての時間そのものです。説明の中で使ったのは、この認識と、「誰から見ても光のスピードは変わらない」という事実だけ。光のスピードが誰から見ても変わらない以上、「光が一往復する」という共通の現象にかかる時間はあなたと太郎さんで違います。「自分の時間は自分で測るもの。それが他の人が測った時間と同じである必要は、実はない」という認識こそがポイントなのです。このように、位置や速度だけでなく、時間の進み方までが相対的、つまり、観測者ごとに違うというのが「相対性」理論という命名の由来です。このことは同時に、この宇宙には絶対時間など存在しないことを示しています。どんなに頑張っても「宇宙標準時」は設定できないのです。

ちなみに、太郎さんの乗り物のスピードが速ければ速いほど、地上から見た光の道筋は長くなって、宇宙船の中の時間はゆっくり進みます。極端な例ですが、もしも太郎さんの船が光のスピードで飛べば（後で不可能である事を示しますが）、あなたから見て光は永遠に上の鏡に到達できないので、あなたから見ると太郎さんの時間は止まってしまいます。もちろん、太郎さんには太郎さんの時間があるので、太郎さんはいつも通りの時間を過ごしますが、太郎さんにとってのほんのわずかな時間経過すら、あなたにとっては永遠となります。

そして、これが最も大切なのですが、時間の遅れは観測事実です。例えば、10㎞以上の上空では、宇宙から降り注ぐ放射線が大気と反応して「ミュー粒子」と呼ばれる素粒子が絶えず作り出されています。この粒子は地上でも観測されて、毎秒、手のひらに1個程度の割合で私たちの上に降り注いでいます。ところで、ミュー粒子は静止した状態ではすぐに壊れてしまいます。その寿命は100万分の2秒。単純に計算すると、光の速さで進んだとしても600mほどしか進めません。それなのにどうして地上まで届くかと言うと、上空で生まれたミュー粒子は猛スピードで飛ぶために、流れる時間がゆっくりになるからです。仮に光の99・9%のスピードで飛んだとすると、ミュー粒子の時間は約22倍に引き延ばされ、結果として寿命も約22倍長くなります。そのようなミュー粒子は13km以上飛べますから、たとえ10km上空で生まれても地上に辿り着けます。速く動いた時に時間がゆっくり進まなければ、ミュー粒子は決して地上には辿り着けないのです。

人工衛星内部の時間はどうなっているか

また、最近ではすっかりおなじみになったGPSにも相対性理論が応用されています。ご存じの通り、GPSは人工衛星を使って地上の位置を正確に測定する技術です。最近

図3

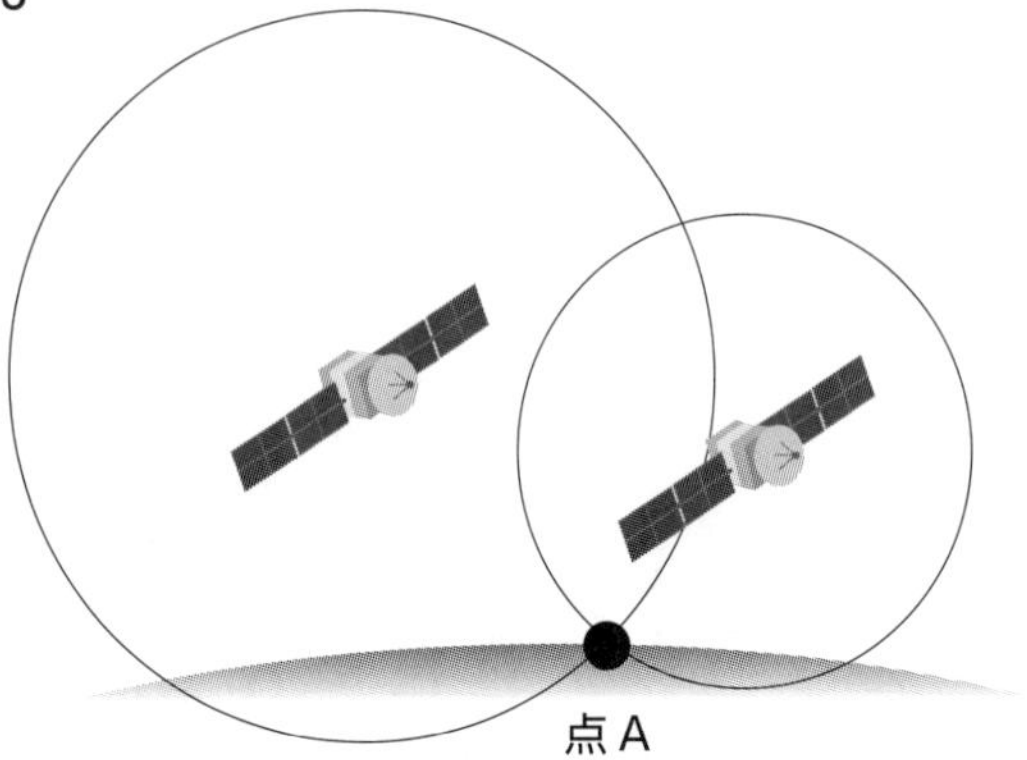

では多くの携帯電話にGPS機能が付いていますから、活用されている方も多いでしょう。この仕組みは面白いので、少し詳しく説明します。

準備としてお絵かきをしてみましょう。【図3】のように、空中にある2機の人工衛星を中心に半径の違う円を描きます。この円は二つの点で交わっていますが、地上で交わるのは点Aです。円上の点は、それぞれの人工衛星から距離が一定の点を表していますから、平面上であれば、異なる2点からの距離が分かれば、地上の場所Aが完全決定されることを意味しています。実際の地球は3次元空間にありますから、円の代わりに球面を使います。少し想像しづらいですが、同じような絵を描けば、異なる3点からの距離が分かれば地上の場所が特定出来ることが分かります。

この理屈がわかればＧＰＳの仕組みは簡単です。地球の周りを回るＧＰＳ用の人工衛星には非常に精密な原子時計が搭載されていて、自分の位置と時刻の情報を電波で発信し続けています。地上のＧＰＳ受信機（携帯電話など）はこの電波を受信して、受信した時刻を記録します。その電波には人工衛星が信号を発信した時刻が記録されていますから、ＧＰＳ受信機はその電波が何秒かけて受信機に届いたかを知る事が出来ます。電波は光です。従って、その時間に光のスピードをかければＧＰＳ受信機と人工衛星の距離が分かります。と言うことは、少なくとも３機の人工衛星から発信された電波を受信すれば、ＧＰＳ受信機は自分の場所を完全に特定出来る。これがＧＰＳの原理です。

この仕組みが正しく機能するためには大前提が二つあります。それは、人工衛星から発信された電波が常に同じスピードで進むこと、そして、全ての人工衛星に搭載されている時計が完全に同期していることです。実はこのそれぞれに相対性理論が使われています。

まず、人工衛星は高度によって多少差がありますが、地上から見て秒速数㎞という猛スピードで飛んでいます。これは光のスピードの約10万分の１に相当します。もし、人工衛星から発射された電波のスピードが、ちょうど新幹線の上から投げたボールのように、人工衛星の速さの影響を受けるとしたら、人工衛星からの距離の計算に数㎞程度の誤差が生まれます。これではＧＰＳは使い物になりません。実際には、どの人工衛星から発信された電波も等しく秒速30万㎞で進むので、ＧＰＳにこのような誤差は現れません。

そしてもう一つ、人工衛星は猛スピードで動いているので、人工衛星の中と地上では時間の進み方が違います。速く動く効果で、人工衛星の中の時間は地上よりもゆっくり進みます。実はもう一つ、重力の影響も考えなければいけません。

これはまだ説明していませんが、重力が弱い方が時間は早く進みます。人工衛星は地上に比べて重力の弱いところを飛んでいるので、その分だけ地上よりも時間が早く進みます。スピードの効果と重力の効果を足し合わせると、重力の影響の方が若干強くて、人工衛星の時間は地上に比べて1日当たり数マイクロ秒程度早く進みます。人工衛星に搭載された原子時計は、この時間のズレを補正しながら運用されています。もしこの補正をせずにＧＰＳを使うと、位置の表示に数百ｍ程度の誤差が生じてやはりＧＰＳは使い物になりません。つまり、実際のＧＰＳが正しく機能していることこそが、相対性理論の予言が正しいことの確かな証拠になっているのです。

図4

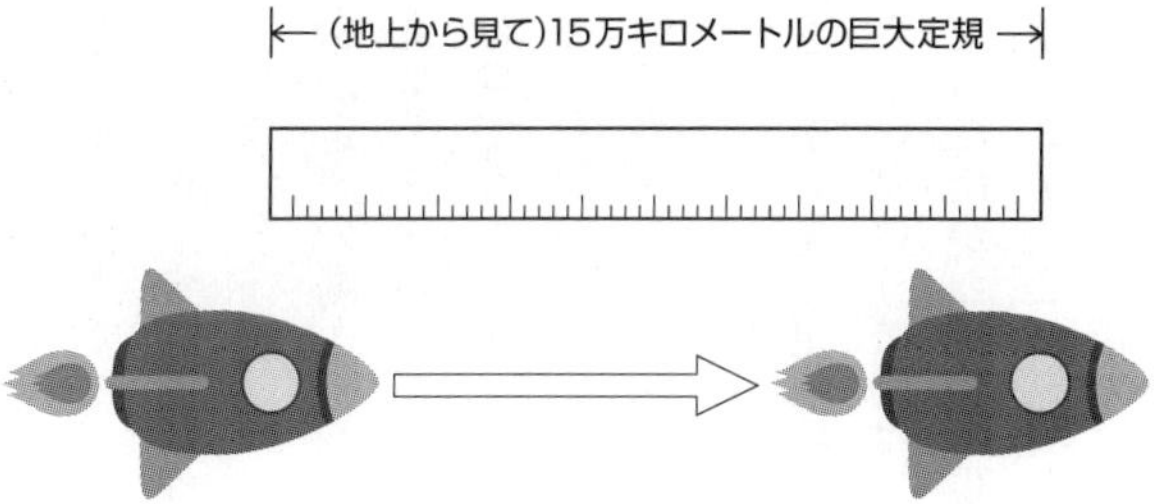

動くと長さも変わる!?

時間がゆっくり進む事がわかると、動く事で物体の長さが縮むこともわかります。先程の太郎さんを乗せた宇宙船が、秒速15万km（光のスピードの50％）という猛スピードで飛んでいるとしましょう。そして、その横にはどういうわけか長さ15万kmの巨大定規が地上に対して静止して置かれており、太郎さんの船はその真横を通過するとしましょう。地上から見ているあなたには、【図4】のような風景が見えていることになります。当然、あなたから見ると太郎さんの船はちょうど1秒かけて定規を通過します。

ここで視点を太郎さんに移しましょう。太郎さんはちょうど窓の中央のところにいて外を見ています。その太郎さんから見ると、定規は後ろ向きに秒速15万kmのスピードで動いています。太郎さんの視点では、太郎さんの目の前に定規の端が現れ、秒速15万kmで目の前を通過し、しばらくするともう片方の端が後方に飛んで行きます。この現象にかかる時間は何秒でしょう？

「宇宙船が定規の端から端まで移動する」というこの現象は、あなたから見れば1秒で完了します。日常のニュートン的な常識から考えると、あなたから見て1秒かかる現象は誰から見ても1秒かかる現象のはずですが、私たちは既に時間の進み方が人によって異なることを知っています。太郎さんの時間はあなたの時間よりもゆっくり進んで、太郎さんの目の前を定規が通過し終わるのにかかる時間は、太郎さんにとって1秒未満です。

太郎さんから見た定規のスピードは秒速15万km。その物体が目の前を通過するのに1秒かからないということは、動いている定規の長さは15万kmよりも短い事になります。静止したあなたから見た定規の長さは15万kmでしたから、動いている定規は短くなったことになります。この説明からわかる通り、これは時間の遅れと本質的に同じ現象です。

そして質量まで増える⁉

速く動くと時間がゆっくり進むので、宇宙船の中を地上から見ると全ての物事がゆっくり起こります。

例えば、ピッチングマシンのように一定の力でボールを打ち出す機械があったとしましょう。地上でその機械を使うと、ボールは機械の力によって加速され、一定のスピードで飛んで行きます。

この機械を太郎さんの宇宙船の上で使うとどうなるでしょう？　あなたから見ると宇宙船の中の時間はゆっくり進んでいますから、機械で打ち出されたボールは地上よりもゆっくりと打ち出されます。正確には、同じように打ち出しているはずなのに、地上よりも宇宙船の中の方が加速が悪いのです。

ここで第4話のお話を思い出しましょう。私たちは、「力を加えた時の速度の変化のしにくさ」を質量と呼んだのでした。宇宙船の中のボールは、地上と同じ力を加えているにもかかわらず加速が鈍かった。と言うことは、このボールは地上のボールよりも質量が大きいと結論せざるを得ません。つまり、速く動くと物体の質量は大きくなるのです。これは、速く動くと時間がゆっくり進むようになり、その分動きにくくなることの裏返しです。つまり、質量が増えるという現象もまた、本質的には時間の遅れと同じ現象なのです。

では、物体をどんどん加速したらどうなるでしょう？　物体に流れる時間はそのスピードが光速に近づけば近づくほどゆっくりになります。時間の遅れと質量の増加は同じ現象ですから、光のスピードに近づけば近づくほど物体の質量が増大することを意味します。光のスピードの直前まで加速した物体は莫大な質量を持つので、わずかな加速をするために大きな力を必要とし、その結果として更に質量を増大させます。つまり、わずかでも質量がある物体は、どんなに頑張っても光のスピードを超えられないのです。前の章で登場した「物体のスピードは、情報伝達の最大速度を超えることは出来ない」という思考のお遊びは、現実世界ではこのように実現されます。また、時間の遅れの説明の部分で、「もしも太郎さんの船が光のスピードで飛んだら」という例えを出しましたが、実際にはそれは不可能である事が分かります。

実は、これもまた実験事実です。最近ヒッグス粒子の発見で話題になったLHCという機械は、陽子と呼ばれる粒子にとてつもないエネルギーをつぎ込んで加速します。この陽子のスピードをニュートン力学で計算すると光のスピードの約10億倍というとんでもない値になるはずですが、ＬＨＣの中では陽子はほぼ光速で走っています。

ひとつだけ補足すると、質量を持つ物体は光のスピードまで加速できない、ということは、光のスピードで飛んでいる光自体は質量ゼロということになります。説明は省略しますが、光のように質量がゼロの存在は、逆に止まることが出来ず、光のスピードで動く事しか出来ないのです。

質量はエネルギーの形の一つ

このように、物体にどんどんエネルギーをつぎ込んでいくと、その物体はスピードが上がると同時に質量が増します。そして、物体は光のスピードを超えられないので、光のスピードに近づいていくと、スピードはほとんど上がらず、むしろ質量だけが増加していきます。この時、物体を加速させるために使ったエネルギーはどこに行ったのでしょう？

運動する物体が持つエネルギーを「運動エネルギー」と呼びますが、ニュートン力学の場合には質量は変化しない量ですから、運動エネルギーの増加とは単純にスピードの増加の事を指します。ですから、ニュートン力学的な常識では、投入したエネルギーは全てスピードの上昇に使われます。

一方、相対性理論ではもう一つ要素があります。エネルギーを投入すると、スピードだけでなく質量も増加するのです。これは、質量もまた運動エネルギーの担い手である事を意味しています。つまり、相対性理論の場合、投入したエネルギーの行き先はスピードと質量の両方で、運動エネルギーはそれらが混ざった概念ということになります。

これによってエネルギーの概念が拡張されます。物体は止まった状態であっても質量を持ちますから、その質量は「静止状態の運動エネルギー」と解釈出来るのです。これが有名な「$E = mc^2$」です。

エネルギーの最大の特徴は、その総量は変えずに形を変えられることです。例えば自動車が走るのは、ガソリンが燃えた時に生じる熱エネルギーを運動エネルギーに変化させているからです。質量がエネルギーの一形態ということは、質量を別の形のエネルギーに変換できることを意味しています。

これが現実になったのが、いわゆる原子力、すなわち、原子核反応から得られるエネルギーです。原子核反応は非常に大きなエネルギーを放出するので、反応を起こした原子の質量が変化する様子が実際に観測できます（厳密に言えば化学反応でも質量が変わりますが、放出されるエネルギーが小さいので観測にはかかりません)。例えば、典型的な核燃料であるウランが分裂する時、ウランの質量は約０・１％減少します。逆に言えば、ウランの質量の０・１％を熱エネルギーとして利用する技術が核分裂ベースの原子力技術です。言うまでもないことですが、これもまた自然界の理の一つであって、それをどう使うかは使う人間次第です。この膨大なエネルギーを電気エネルギーに変えれば原子力発電となりますし、ものを壊すために使えば原子力爆弾となります。

また、太陽も核反応によって光っています。こちらは核融合です。太陽はプラズマ状態の水素の塊です。水素の原子核が融合することでヘリウムの原子核になるプロセスがあるのですが、この時、水素の質量は約１％減少します。実際、太陽は毎秒約４２０万トンの質量を失い、その減少分に等しい量のエネルギーを宇宙空間に放出しています。私たちが普段使っている化石燃料は、太古の昔地球に降り注いだ太陽光のエネルギーを植物が固定化したものですし、風や波も太陽のエネルギーが源です。私たちが使っているエネルギーの大部分は、もとを正せば核融合によって失われた水素の質量です。

もう一つ、我々が恩恵を受けているエネルギーと言えば地熱です。私は温泉好きですが、地下水を温泉にしてくれているのはこの地熱です。そして、地熱の源もまた原子力です。地球内部が熱く保たれているのは、ウランなどの重い元素が自然に分裂してエネルギーを放出し続けてくれているお陰です。もしこの作用がなければ、温泉がなくなって私が涙するだけでなく、火山活動が止まることで大気の供給が止まり、地球は死の星になるでしょう。地上で得られるエネルギーは、もとを正せば太陽か地熱のどちらかです。地球は相対性理論の効果で生かされていると言っても過言ではありません。

もしも光より速く動いたら

特殊相対性理論の締めくくりとして、どうやって実現するかはさておき、もしも光よりも速く信号を飛ばせたとしたら何が起きるかを考えてみたいと思います。もちろん、これは出発点からして無理があります。「光よりも速く情報を伝えることは出来ない」という特殊相対性理論の大前提をいきなり破っているからです。ですから、今からお話しするのは、光の速さは誰から見ても変わらないけれども、それでもなお光速を超えて情報を送れるとしたら何が起こるのかを考える、と了解して下さい。

一つだけお断りしておくと、この話題に限って、イメージが湧きやすいように具体的な数字が登場します。ひょっとすると逆に難しく感じる方もいるかも知れませんが、この話題だけですので、どうか頑張ってついてきて下さい。とは言え、使うのは速さと距離の関係だけです。お好みに応じて紙と鉛筆を片手に用意していただけると単純に読む以上に楽しめるかと思います。

まず状況を整えましょう。舞台はやはり未来の太陽系です。地球から見て300万km離れた地点にスペースコロニーが浮かんでいるとしましょう。300万kmというと光で10秒かかる距離です（地球から月までの距離の約8倍です）。そんな地球のそばを、スペースコロニーを目指す宇宙船が通過したとします。例の、太郎さんを乗せた巨大宇宙船です。宇宙船のスピードは以前と同じく秒速15万kmとしましょう。

船が地球を通過した瞬間、太郎さんは時刻を地上の時刻に揃えることにします。どちらの時間もこの瞬間を基準にして測るのです。両者の時計は、時刻を揃えた瞬間には同じ時刻を指していますが、太郎さんは地球に対して動いているので時間の進み方は異なります。実際に計算してみると、太郎さんの時間は地上の時間に比べて約15%も遅くなることが分かります。

さて、今、光の10倍の速さで信号を送れる「超光速通信」が開発されたとしましょう。地上のオペレータは、太郎さんの船が地球を通過した瞬間（時刻0）にその信号をスペースコロニーに向かって発信したとします。この信号は光速の10倍のスピードで進みますから、たったの1秒でコロニーに到達してしまいます。少し面倒くさい言い方をするなら、コロニーに超光速通信が到達した時刻は地上時間で1秒である、ということになります。時刻と時間の意味の違いに気をつけて下さい。

時間の進み方が人によって違う事は既に見た通りです。これは地上と太郎さんでも同様で、「超光速通信がコロニーに到達する」という共通の出来事であっても、それが起こる時刻は地上と太郎さんで異なります。地上から見るとこの出来事は時刻1秒に起こります。では、太郎さんから見てこの出来事が起こるのは何秒の時点でしょう?

何度も繰り返しているように、太郎さんの時間は太郎さんの手元の時計で測るので、コロニーの出来事を太郎さんに通信しないといけません。そこで、コロニーから太郎さんの船に向かって光を送ることにしましょう。太郎さんが地球を通過した瞬間に赤い光を、そして、コロニーが超光速通信を受信した瞬間に青い光を発射することにします。赤い光は太郎さんにとって時刻0の時点で発射されたことが分かっているので、二つの光を太郎さんが受け取った時刻を比べれば、コロニーに超光速通信が届いた時刻も分かる、という寸法です。

ちなみに、太郎さんが地球を横切った瞬間をコロニー側で知るのは簡単です。太郎さんがコロニーに向かって自分の時計の表示を光で発信し続ければよいのです。こうしておけば、コロニー側で太郎さんの時刻がゼロになる瞬間を見計らう事ができます。

超光速通信は過去へ飛ぶ

赤い光が太郎さんの船に届く時刻は何秒でしょう？　太郎さんから見ると、コロニーは秒速15万㎞で動いていることに注意しましょう。既に見たとおり、動くと距離は短くなります。短くなる割合は時間が遅くなる割合と同じですから、太郎さんから見たコロニーまでの距離は、地球から見たコロニーの距離と比べて約15％短くなります。従って、太郎さんから見ると、その光が発射された瞬間のコロニーまでの距離は300万㎞の85％です。従って、太郎さんは、時刻8・5秒の時点で赤い光を目にします。

続いて青い光について考えましょう。少し込み入ってしまうのですが、これを計算する一番簡単な方法は、先に地上時間で計算して、それを太郎さん時間に直すことです。やってみましょう。

地上から見ると、コロニーが超光速通信を受け取る時刻は1秒です。その瞬間にコロニーから青い光が発射されます。太郎さんの船は秒速15万kmでコロニーに近づいていますから、この時点のコロニーと船の距離は、地上視点で285万km。光は毎秒30万km、船は毎秒15万kmでこの距離を縮めるので、青い光が船に届くのに必要な時間は285万÷（30万＋15万）≒6・3秒。

最初の1秒と合わせると、この光が太郎さんの船に届く時刻は、地上の時計で7・3秒の時点です。太郎さんの時間は地上時間の85％で進みますから、太郎さんの時計では、7・3×0・85≒6・2秒となります。

さて、両者を比べてみましょう。太郎さんから見て、赤い光（時刻0にコロニーから発射された光）が届くのは8・5秒の時点、青い光（コロニーが超光速通信を受け取った瞬間にコロニーから発射された光）が届くのは6・2秒の時点です。

……時系列がおかしいですよね⁉　太郎さんから見ると、コロニーが超光速通信を受け取ってから船が地球を通過したことになります。つまり、コロニーに超光速通信が届いたのは太郎さんが地球を通過するよりも過去です。一方で、超光速通信は太郎さんが地球を通過した瞬間に地球から発射されています。つまり、太郎さんから見ると、この超光速通信は過去に向かって飛んでいるのです！

この話の肝は超光速通信を仮定したことにあります。通信手段として光のスピード以下の手段を使う限り、このような時間の逆転現象は生じません。たまに巷で「光速を超えればタイムマシンが実現できる」ということが言われることがありますが、これはここで説明したような意味です。つまり、光速を超えて情報を送ることが出来れば、過去に向けて情報を送れるのです。

覚えている方もいると思いますが、２０１１年に「ニュートリノのスピードが光速を超えた可能性がある」というニュースが流れました。ほとんどの物理学者は観測ミスを疑い、実際にその通りだったのですが、それでもこのニュースは衝撃的でした。ニュートリノが光速以上のスピードで飛ぶということは、ニュートリノを使って過去に向かった通信が出来ることを意味するからです。もしそんなことが実現してしまえば、因果律はもとより、これまでに行われた何万・何十万という実験を支えてきた相対性理論の根本が揺らぎます。確かに夢のある、ある種蠱惑的な想像をかき立てられますが、やはり大量の実験によって検証され続けてきた相対性理論の土台は盤石でした。

第９話　ディズニーランドの魔法と重力

等速直線運動を超えて

これまで、「相対性原理」をベースにして様々な理を紐解いてきました。何度も述べてはいますが、大切なので繰り返しましょう。相対性原理とは次の原理です。

「どんな速さで動いていようと、等速直線運動をする限り、物理法則は何の変更も受けない」

ニュートンの運動の法則はもちろん、アインシュタインの特殊相対性理論もこの原理を満たすべきであるという自然な発想から生まれたものでした。相対性原理は身の周りの出来事を無色化して得られたものです。とても遠くまで来たように感じるかも知れませんが、ニュートンの運動法則も特殊相対性理論も、全て無色化の産物です。

ところで、特殊相対性理論が「特殊」と呼ばれる理由は、物理法則を確かめる人の動きを「等速直線運動」という特別なものに限っているからです。そして、このような特別な状況に話を限定したのは、理想的な状況を想定すると物事の本質が明確になるからです。ここまで読んでいただいた皆さんであれば、単純化こそが多くの実りをもたらす鍵である事に気付いていただけていると思います。無色化というのは、文字通り色を削る作業です。物事を単純化して本質を見抜くというこのやり方は、物理はもちろん、あらゆる学問、あらゆる考え方の土台を成します。いたずらに複雑な状況を想定して可能性を閉ざすのではなく、状況を単純化することで、私たちは理解のネットワークを拡大して来たのです。

しかしその一方で、「等速直線運動」という仮定は明らかに人工的です。等速直線運動以外の運動は、全部ひっくるめて「加速運動」と呼ばれます。例えば、あなたが一歩でも動けば、それは加速運動です。また、地球は自転しているので、地上で止まっている状態ですら厳密に言えば加速運動状態です。この世に等速直線運動をする物体などほとんどないのです。一方で、物理法則は私たちの宇宙を支える土台です。それが、加速運動をしたくらいで変更を受けてしまうというのはいかにも不自然です。自然は見る人には関係なく存在しますから、

「加速運動を含んだあらゆる運動をしても、物理法則は変更を受けない」と考える方がよほどしっくり来ますし、それこそが物理の理想的な姿でしょう。

このような考え方は「一般相対性原理」と呼ばれます。等速直線運動という特殊な状況だけではなくて、より一般的な加速運動をしても物理は変わらない、と考えるので、相対性原理に「一般」という枕詞がつきます。ここでは、これまで頑なに守ってきた「特殊」という枷を外し、「一般相対性原理」をベースにして物事を考えると、一体どんな理が顔を出すのかをお話しして、この本の締めくくりにしたいと思います。

さて、それでは早速「特殊」の枷を外してみましょう。即座に、現実はそれほど甘くないことに気付きます。第３話の途中でこんなコメントを残したのを覚えている方もいるでしょう。

例えば、電車の中が地上と同じ環境になるのは、あくまで電車が等速直線運動をしている時に限ります。電車が走り出したりカーブを曲がったりすると、中の人は地上に立っている時とは違って「おっとっと！」となりますよね？　相対性原理の議論では、動いている人と止まっている人が同じ実験をしたら同じ結果が出る、という事実が大切でした。もし動いている人が加速したり回転したりしていたら、「物を落とす」という単純な実験ですら両者に違いが出るので、止まっている人と加速や回転をする人では物理法則が変わってしまい、両者が同等とは言えなくなってしまうのです。

一般相対性原理という考え方は確かに立派かも知れませんが、加速運動と等速直線運動を同等に扱うのはかなり無理があるようです。一般相対性原理は絵に描いた餅に過ぎないのでしょうか？

慣性力は「見せかけの力」

ところで、加速運動をすると物理法則が変わるとは言え、その変わり方には一定の規則があります。右のコメントでは、電車がカーブを曲がる時に感じる力として遠心力が登場しましたが、加速運動する人から見ると、物体には必ず加速と逆向きの力がかかります。例えば、車が加速すると身体はシートに押しつけられますし、減速すればシートベルトに押しつけられますよね。このような力の事を一般に「慣性力」と呼びます。

余談ですが、回転するときに感じる力には「遠心力」という名前がついていますが、車が加速するときにシートに押しつけられる力を表現する適切な表現は日本語にはないようです（強いて言えばＧでしょうか？）。おもしろいものです。

「慣性力」という名前は、この力が、物体が持つ「慣性」、すなわち、運動の状態を保とうとする性質に起因することから来ています。例えば、ホームに止まっている電車の中にボールが置いてあるとしましょう。ここで電車が動き出しました。ボールには慣性が備わっているので、ボールは静止状態を続けようとして、電車に置いてきぼりにされます。一方、電車は前方に加速しているので、電車の中の人から見ると、置いてきぼりのボールは後方に加速されているように見えます。第4話で述べたように、加速している物体を見たら私たちは「力が働いた」と認識します。この力こそが慣性力です。右で述べた遠心力や、車の加速の際に働く力も、加速の仕方が違うために現れ方が異なりますが、どれも慣性が原因で生じる慣性力です。

そして、これは後々大事になるのですが、慣性力は「見せかけの力」です。つまり、見る人によって働いたり働かなかったりするような力です。実際、電車の中のボールの例なら、ホームから見るとボールは元の場所に静止したままなので、ボールには一切力は働いていません。他の例でも同じで、慣性力というのは、加速運動する人だけに見える、見せかけの力なのです。

哲学的にはもっともに思える一般相対性原理の足を引っ張っているのは、どうやらこの慣性力です。逆に言えば、もし一般相対性原理が何らかの形でこの宇宙に実現しているとしたら、鍵になるのは慣性力に違いないのです。

宇宙船内はなぜ無重力なのか

この点にいち早く気付き、アプローチをはじめたのもまたアインシュタインでした。議論の出発点は次の気づきです。

「慣性力は重力と似ている」

実際、加速する人から見ると、周りの物体はその加速と逆向きの加速度を持つために力が働くように見えます。ニュートン力学によると力とは加速度に質量をかけたものなので、慣性力は必ず物体の質量に比例して、物体の加速と反対方向に働きます。

一方、重力もまた物体が持つ質量に比例します。もちろん、重力というのは質量を持つ物体同士の間に働く万有引力の事ですから、慣性力と重力には本来何の関係もありません。慣性力の源になっている質量と重力の源になっている質量は全然意味が違いますから、前者を「慣性質量」、後者を「重力質量」と呼んで区別することもあります。

それにもかかわらず、現実にはこの二つの質量は区別出来ません。実際、重たい物

（重力質量が大きい物）は動きにくい（慣性質量が大きい）のです。重たいのに、ちょっと押しただけですっ飛んで行くような物体を見たことのある人はいないと思います。意味の違いを無視すれば、慣性力と重力はとても似ているのです。

これを象徴するのが、「地球を回る宇宙船の中が無重力状態になる」という現象です。宇宙船の中が無重力なのは、地球の重力が届いていないからではありません。宇宙船が地球を回っていることからもわかる通り、宇宙船は完全に地球の重力圏にいて、宇宙船の中にも地球の重力は届いています。

それにもかかわらず宇宙船の中が無重力状態になるのは、宇宙船の中では、地球の重力と、落下という加速運動に伴う慣性力が釣り合っているからです。実際、宇宙船は常に地球に落ち続けています。地面に激突しないのは宇宙船が横方向に高速で動き続けているためで、これはちょうど、月が地球の周りを回る理屈と同じです。落下は下向きの加速運動なので、宇宙船の中の物体には上向きの慣性力が働きます。そしてもちろん、重力は下向きに働きます。慣性力と重力という本来何の関係もない力が同時に働き、あまつさえ、互いに打ち消し合ってしまうというのは、重力質量と慣性質量が完全に同じ値の時にだけ起こる奇跡のような現象です。果たしてこれは偶然でしょうか？

アインシュタインは更に考えを進めて、次のような疑問を持ちました。
「慣性力と重力は区別が出来るだろうか?」
この疑問の意味を理解するために、一つ例え話をしましょう。

「スター・ツアーズ」のトリック

ディズニーランドに「スター・ツアーズ」というアトラクションがあります。観客は某宇宙軍の乗組員になって、戦闘機に搭乗して宇宙基地から飛び立ちます。冒頭でガイドのロボットが少々ポカをやらかして基地の中を若干さまよい、無事に宇宙空間に飛び立つなり某帝国軍の戦闘機と交戦し、最終的に敵の巨大宇宙兵器の中に突入してフォースを信じるというストーリー仕立てです。

このアトラクションに乗ると、画面上の戦闘機が旋回するたびにG(慣性力)を感じて、あたかも本当に宇宙空間を飛んでいるような気分が味わえます。仕組みは実は単純で、急ブレーキや急旋回の画像に合わせて台車を傾けているだけ。例えば急発進の場面なら、台車を後ろに傾けることで身体がシートに押し付けられるGを体感させる、という具合です。ですから、私たちに実際に働く力は重力です。つまり、重力を加速に伴う

Gと勘違いさせる、いわば「子供騙し」です。

ですが、ここでひとつ、生まれてからずっと「スター・ツアーズ」の世界で暮らしているあなたを想像してみて下さい。もちろん、画面は360度フルスクリーン。映る景色はもっとリアリティに溢れていて、バリエーションも様々。ひょっとすると、あなたの思った通りに画面が動くような仕組みが搭載されているかも知れません。あなたは、画面の中の景色が回転したり落下したりするごとに、それに応じた力を感じます。現実には台車を傾けているだけで、あなたに働く力は重力ですが、あなたは台車の存在を知りません。さて、その状態のあなたは、加速の時に感じる（と錯覚している）慣性力が実は重力であると見抜けるでしょうか?

もちろんアインシュタインは「スター・ツアーズ」を知りませんが、彼の考えたことは本質的にこれと同じです。完全に窓のない密室の中が無重力状態だったとき、その箱が本当に無重力状態の宇宙を漂っているのか、それとも、（想像したくないですが）その箱は地面に向かって絶賛自由落下中のエレベーターの中で、重力と慣性力が釣り合っているだけなのか、果たして区別できるだろうか、という問いかけです。

アインシュタインはこの問いかけに対して、

「重力と慣性力は、原理的に区別することの出来ない、本質的に同じ力である」と考える事にしました。これは、今では「等価原理」と呼ばれます。これを認めるなら、慣性質量と重力質量が等しいのは当たり前です。なにしろ慣性力と重力は同じ力なのですから。そしてこれこそが、一般相対性原理に命を吹き込む鍵だったのです。

これまで、加速運動と等速直線運動を同等に取り扱えなかったのは、加速した時に生じる慣性力が物理法則を変えてしまうためです。もう少し正確に言うと、物理現象を支配する方程式そのものが慣性力によって変わってしまうためです。だからこそ、一般相対性原理は絵に描いた餅になってしまったのでした。

ところが、等価原理を認めると一般相対性原理が息を吹き返す可能性が出て来ます。実際、等価原理の下では慣性力は重力と等価なので、加速運動をする時に感じる慣性力は全て重力と見なせます。ですから、物体の運動と重力を常にセットで考える事にすれば、「運動の法則に起こる変化と重力の法則に起こる変化が相殺して、トータルの法則はどんな人から見ても変化しない」というシナリオが描けるからです。

事実、アインシュタインはこのシナリオが正しいことを示しました。重力とセットになった物体の運動方程式を発見して、それがどんな加速運動をしても同じように使えることを示したのです。運動方程式は法則の表現です。加速運動する人から見た運動法則が姿を変えたように見えていたのは、重力の変化を見逃していたからで、加速によって重力自体も変化することまで考慮に入れれば、全体の法則は同じ形を保ちます。これこそ一般相対性原理が具現化した姿にほかなりません。一般相対性原理を実現するためには重力を考える必要があったのです。

重力もまたイリュージョン

となると、私たちが普段感じているこの重力は一体何物なのでしょう？　地上の重力が、慣性力と同じく「見せかけの力」であるとはどういう事でしょう？

これを理解するために、想像力をたくましくして、こんな場面を想像してみて下さい。あなたは、恒星間を航行する未来の宇宙船に乗っているのですが、移動中にエンジンが壊れてしまったのです。幸い、生命維持機能は生きていて、食糧も問題なしです。

もはや加速や減速、方向転換などは全く出来なくなってしまいましたが、エンジンからの推進力はなくても宇宙船は慣性で飛び続けます。制御不能というかなり絶望的な状況ですが、ここは一つ心を落ち着けて、二つほど大切な事を思い出しておきましょう。

一つ目は、ニュートン力学の立場から見て、地球を回る宇宙船の中が無重力状態である理由です。それは、地球による下向きの重力と、自由落下という加速運動のために生じる上向きの慣性力が釣り合うからでした。これは「慣性質量」と「重力質量」が等しい事を意味します。ということは、重力しか働かないような状況では、どんなに強い重力で引っ張られたとしても、その物体から見ればその分だけ慣性力も強く働いて、慣性力が重力を打ち消してしまうということです。

重力だけが働いて起こる運動の事を、広い意味で「自由落下運動」と呼びます。「広い意味」と言ったのは、必ずしもその運動が落下に限らず、例えば、遠方から地球に近づき、地球の近くで重力のために方向転換して再び遠方に飛び去るような場合も含んでいるからです。この言葉を使うなら、自由落下運動している物体は常に重力と慣性力が釣り合っています。

二つ目は等価原理です。既に述べたように、等価原理の下では重力と慣性力を区別しません。ですから、重力と慣性力が両方働く時には、両者を合計した力をまとめて「慣性力」と呼びます。もちろん、合計した力を「重力」と呼んでも構いません。

この二つの事実を胸に、話をあなたの船に戻します。あなたが乗った船はエンジンが壊れているので、重力しか働かない、自由落下状態にあります。従って、一つめの注意から、ニュートン力学的な言葉遣いをするなら、星も何もない空間を漂っている時も、星の近くを飛んでその星に引き寄せられているような状況でも、あなたの船の中はずっと重力と慣性力がつり合い続けています。一方、私たちは等価原理を認めています。すると、二つ目の注意から、あなたも含め、宇宙船の中の物体には慣性力は一切働いていないと言えてしまいます。一般に慣性力が働くのは、観測者が外部から何らかの力を受けて加速運動する時だけです。ということは、あなたの宇宙船はあなたから見ると外からなんの力も働かない状態で宇宙空間を飛んでいることになります。

これは、今までの感性からすると少し変です。実際、あなたの宇宙船は、加速度を伴って星に引き寄せられることもあります。その場合、「星が宇宙船を引き寄せる」という力が働いているように思えます。それにもかかわらず、この状態を「何の力も働いていない」と表現するのは矛盾していないでしょうか?

実は、この感覚こそが私たちが未だに古い世界観に縛られている証なのです。思い出して下さい。私たちは今、一般相対性原理をベースに物事を考えています。等速直線運動に限らない、あらゆる状態の運動が「運動の基準」になり得ます。そもそも、自分が加速しているのかどうかすら基準の問題なのです。確かに、例えば星の上に立つ人から見たら、星に向かって落ちている船には重力が働いていて、そのために船は加速状態です。ところが、船の中の人にとっては、自分は止まっていて、重力は消えています。一般相対性原理の下では、これはどちらも正しい。このように、重力は見る人によって消えたり現れたりします。だからこそ、重力は慣性力と同様、「見せかけの力」なのです。

ちなみに、特殊相対性原理の枠内で、等速直線運動とは「慣性力の働かない状態」なので、別名「慣性系」と呼ばれます。では、一般相対性原理の枠内での慣性系はどのように定義したらよいでしょう？　最も自然なのは、やはり「慣性力の働かない状態」とすることでしょう。なぜなら、こうしておけば、一般相対性原理の慣性系は、その特別な状態として特殊相対性原理の慣性系を含むので、今までの定義を変える必要がないからです。この言葉を使うなら、自由落下状態こそが慣性系です。あなたの船は常に慣性系にいて、自分自身を「静止状態」として運動の基準に使うことが出来ます。

地上での静止は「加速状態」

さて、制御不能という絶望的な状況にあったあなたの船ですが、地球のすぐそばに来た時に奇跡が起こり、エンジンの機能が回復しました。実は、それこそ奇跡的な確率なのですが、もしエンジンが直らなければ、あなたの宇宙船はそのまま地球に激突する予定でした。その場合、船は地球に向けて自由落下しますから、あなたは激突の直前まで無重力状態のままで地球に突っ込む運命でした。

あなたはもちろん、地上に軟着陸する事を決意します。やり方は簡単で、自由落下に逆らうように、エンジンを進行方向と逆向きに噴かして、地上で地球との相対速度がゼロになるように減速すればよい。この時、外から力が働くので、船は「静止状態」から加速状態に移り、あなたには久しぶりの慣性力が働きます。加速の方向は地球と反対向きなので、あなたに働く慣性力は地球の中心方向です。

さて、あなたは首尾良く地上に着陸しました。もはやエンジンも切っています。ところで、漂流中に慣れ親しんでいた「静止状態」から見ると、地上に立っている状態というのは上向きの加速状態です。何しろ、あなたはエンジンを噴かすことで地球との相対速度をゼロにしたのです。この状態は、外から力を加えて初めて実現します。今、エンジンは切っていますが、地面が下から押し上げる力がその代わりになっています。したがって、地上に立つあなたには相変わらず下向きの慣性力が働きます。

おわかりでしょう。地上で感じている重力とはこの慣性力のことです。重力が消えるような「自由落下状態」から見ると、地上に立つ私たちは常に上向きの力を受けて加速している状態です。その加速に伴う慣性力が地上の重力にほかなりません。今感じている重力が「見せかけの力」という事が分かると思います。

このように、極論するなら、重力という力は存在しません。「リンゴが落ちるのはリンゴが地球の重力に引っ張られるからだ」というのは、ニュートン時代の古いものの見方です。特殊相対性原理が「何も力を加えない限り物体は等速直線運動を続ける」ということを主張するのと同じように、等価原理と一般相対性原理は、「何も力を加えない限り、物体は慣性系（慣性力の働かない状態）に居続ける」ことを主張します。

地上では自由落下運動こそが慣性系です。静止しているものがずっと静止を続けるのと同じ理由で、枝から離れたリンゴは、自由落下運動というこの星の上での慣性系に居続けます。枝から離れた瞬間、このリンゴはあなたを乗せた宇宙船と同じ立場になりますから、地面にぶつかる直前まで、リンゴは重力を感じません。ただ、あるがままに「止まって」いるだけです。地球がリンゴを引っ張っているのではなく、その運動こそがリンゴにとっての「静止」なのです。

それでは、どうして星の近くでは自由落下運動が慣性系になるのでしょう？　もっと言うなら、なぜ物体同士は引きつけ合うのでしょう？　その答えが、物質の存在による時空の歪みです。

時間と空間と重力と

この意味を理解するために、宇宙空間に浮かぶリンゴとその上の妖精さんに再び登場してもらいましょう。この妖精さんは、先程の漂流中のあなたと同じ立場にいます。つまり、妖精さんにとっての静止状態は、重力が消えるような状態です。以下の説明の中で最も大切なのは「静止状態とは、その人にとって時間だけが経過している状態である」という事実です。

もしも妖精さんが地球のすぐそばにいたら、妖精さんは地球に向かって自由落下をはじめます。この自由落下状態は妖精さんにとってはいつもの無重力状態、つまり、「静止状態」です。注意した通り、地球がどんどん近づいてくることさえ気にしなければ、妖精さんにとってその状態は時間経過そのものです。地球の近くでは、妖精さんにとっての時間経過は「地球に近づく」という運動を伴うのです。

一方、もしも地球が十分遠くにあれば、妖精さんは地球に近づく事もなく、その場に留まり続けます。時間経過は単純に時間経過で、場所の移動は伴いません。

これは、地球が近くにあることで、妖精さんの時間経過に地球方向への「空間移動」が混ざった事を意味します。質量の塊が存在することによって時間方向と空間方向が混ざり合ったのです。紙面の関係で詳しい説明が出来ませんが、この時、時間方向と空間方向が単純に混ざるだけではなく、時間の進み方や物体の長さにも影響が出ます（光速度不変の原理がキーです）。つまり、物質が存在することで、その近くの時間と空間が傾いだり伸び縮みしたりして歪むのです。このように、星の存在によって時空が歪んでしまうことが、星の近くで自由落下状態が慣性系になる原因だったのです。

アインシュタインはこの考え方を元にして、物質がその周りの時間と空間をどのくらい歪めるかを計算する方法を発見しました。これが有名な「アインシュタイン方程式」です。物体は、その曲がった時間・空間の中を「まっすぐに」進みます。これが無重力状態です。地球の表面を真っ直ぐに歩く人を宇宙から見ると曲線を描いているように見えるのと同じように、空間の歪みを想定していない人から見ると、「まっすぐに」動く物体の経路は曲がって見えます。進行方向が曲がるということは加速するということです。つまり、力が働いていると解釈出来る。これが、時空の歪みという立場から見た、重力が見た目の力であるということの説明です。

このように、「特殊」の枷を外した世界を無色化すると、物体の運動が、本来、重力と切り離せない事に気付きます。そして、物体の存在は時間と空間を歪ませ、その歪みこそが重力の正体であることにも辿りつきました。この考え方を体系的にまとめた理論を「一般相対性理論」と呼びます。

この理論は、一般相対性原理と等価原理をベースに構成され、その特殊な場合として特殊相対性理論を含みます。そしてもちろん、重力を含む以上、この理論はニュートンの重力理論を含みます。特殊相対性理論がニュートン力学を内包している事を思い出すと、一般相対性理論はここで述べた全ての理論をその中に含む、まさに現代物理学の金字塔と呼ぶにふさわしい理論です。

天動説、ここに復活！

少し駆け足でしたが、等速直線運動という限定を外しただけで、これまでただの入れ物としての役割しか果たさなかった時間と空間が、物体の存在によって歪む、物理的な実体を持つ存在である事がわかりました。そして同時に、私たちの宇宙を見る基準は、等速直線運動などという特殊な状態に限る必要もなくなりました。今や、加速運動を含むあらゆる状態が物理的に全く同等です。

ここで出発点にお話しした天動説と地動説の話に立ち返りましょう。私たちは、私たちの認識が天動説から地動説にシフトしていく歴史を追体験しました。地球は、他の惑星と同様、自転運動をしながら太陽の周りを公転する一惑星に過ぎない。これが現代の私たちが描く宇宙観です。

ところが、一般相対性理論が生まれた今、宇宙を眺めるどんな立場の観測者も物理的に同等です。地動説では、太陽が静止しているという前提で太陽系の運動を記述します。つまり、地動説というのは太陽の視点で見た太陽系の記述と言えます。それはもちろん大変うまく機能しているのですが、それならば、地球が静止しているという立場もまた全く同等のはずです。これは天動説にほかなりません。地動説が正しいなら天動説もまた正しい。この主張は正しいでしょうか？

答えは、恐ろしいことにＹＥＳです。地球が止まっているという立場であっても、太陽系の運動を理論的に完全に再現することが可能です。おそらく、仮に何らかの理由で地動説が誕生しなかったとしても、私たちは天動説のままで正しい太陽系の理解に辿り着いたはずです。なんと、一回りして天動説が正しくなってしまいました。

ただし、一つだけ断っておくと、地球の静止系から見た惑星や太陽の運動は恐ろしく複雑です。もちろん予言能力は地動説と全く同じですが、人間が取り扱う以上、ややこしくなる分だけ価値が下がります。同じ予言能力を持つならば、素直に太陽を中心にした方が記述が単純になり、幸せになれるというものです。

改めて繰り返しますが、物理というのは、この複雑な世の中をすっきり理解するために生まれました。そして、全ての立場が等価と言うことは、どの立場を採用しても構わない、ということです。であれば、複雑なものを複雑なもので理解する必要はありません。同じ予言能力を持つのならば、便利な方を使うのが良いのです。どちらも正しいからこそ、記述が簡単な地動説を選ぶ。これが現代の我々の立場です。

一般相対性理論は重力の理論です。そして、第5話でお話しした通り、重力は宇宙を支配しています。事実、一般相対性理論を駆使すると、天体の運動を理解できるだけでなく、ブラックホールと呼ばれる超強力な重力を持つ天体を予言したり、重力が時間の進みを遅らせることを理解したり、宇宙が膨張していることを示したり、宇宙の始まりを議論することだって出来てしまいます。一般相対性理論をベースにした宇宙論は、19世紀の常識に慣れ親しんだ私たちにとってはまるでSFのような魅力的なお話ばかりです。

ですが、どうやら時間切れです。この章でお話しした内容は、一般相対性理論の基礎的な部分をほとんど網羅しています。これが興味の呼び水となり、他の本を紐解いて、我々の宇宙の真の姿に思いを馳せていただければ、研究者冥利に尽きるというものです。長いお話に付き合っていただき、誠にありがとうございました。

あとがき

「はじめに」でお話しした通り、私は、宇宙と素粒子を専門にする一研究者として超ミクロ世界の理を探究する傍ら、大学生に物理を教えています。彼らはいわゆる「文系」と呼ばれる学部に属する学生さんたちです。彼らにとって、物理学はもとより、自然科学そのものが専門外で、場合によっては興味の対象ですらない事もしばしばです。そんな彼らに、理論物理学者という物理学者の中でも最左翼（最右翼？）に位置する私が一体何を教えられるだろう？　色々と考えたのですが、その答えの一つが「無色化」でした。

本文で述べてきたように、理はあらゆる物事の背後に潜み、その理に気付くことで、その人の世界は驚くほどシンプルかつ美しくなります。私はこれを物理から学びました。不思議なもので、人には学んだことをフィードバックして、自分の内側を自動的に整理する力が生まれつき備わっているようです。物理学は自然科学ですから、その適用範囲は徹頭徹尾自然現象です。それにもかかわらず、私はいつの間にか、物理の考え方をより広い範囲に適用する方法を覚えていました。おかげで、世の中を随分と整理して見ることが出来るようになったと思います。複雑なものを複雑なままで理解していたら、私にとって世界は今よりもずっと狭いものだった事でしょう。

自然科学を専門にしない彼らに、物理の講義を通じて何かを伝えるとしたら、それは単純な知識ではあり得ない。これからの時代を担う彼らに私から贈れるものがあるとしたら、どんな場面でも使える「無色化の技術」こそが現時点で最高のものだろう、と考えたわけです。私の講義はそれを伝えるための試行錯誤で成り立ち、この本はその結果として生まれました。

単純に教科として見れば、この本の内容は高校から大学初年度にかけての力学と、大学の理工系の学部で学ぶ特殊・一般相対性理論の骨組みを概ね網羅しています。もちろん漏れている内容もありますし、実際の計算に必要な諸々のテクニックなどは書きようがなかったのですが、私としては、「自分自身が中学・高校時代にこういう風に教えて欲しかった」という内容を盛り込んだつもりです。そういう意味では、これから物理を学ぼうとする方にとっても、この本は一つのガイドになるだろうと思います。
ですが、私がこの本で強調したかったのは、物理の知識や理論の骨組みそのものではなく、たとえ最先端の知識であっても、それは身の周りの出来事と地続きで繋がっているという、ある意味当たり前の事実です。

物理学は、人々が自然界に見つけてきた理の集大成です。理を紐解いて世界の見方を一変させた体験談がゴロゴロ転がっています。今でこそ常識になっている「地動説」も、本文で大活躍した「相対性原理」も、もちろん「相対性理論」も、地上で暮らす私たちの直感的な感覚とは相容れないものばかりですが、それを無色化によって乗り越えたからこそ、私たちは、より深遠な、新しい世界観を獲得できたのでした。無色化の技術を学べば、私たちはいつでもこうした先人の足跡を辿り、自らの足で理に至ることが出来ます。

そしてこれが大切なのですが、理というのは、自分の足で辿って初めて命を得るものです。どんなに素晴らしい理であっても、それが自らの体験と繋がって血肉になっていなければ、ただの言葉の羅列に過ぎません。物理の歴史の中で新しい理を獲得したプロセスを敢えて追体験することで、無色化の技術を盗み取ってもらいたい。これが、私が講義とこの本に込めている願いの一つです。

この本を書くに当たってもう一つ意識したことは、数学に触れない、ということです。実際、大学の講義でも、「物理は面白いけど数学が苦手」という声はよく耳にします。おそらくこれは比較的多くの人が持つ感覚なのでしょう。ですが安心してください。数学を使わなくても、物の理は普通の言葉で語れます。数学と物理は別物ですし、ましてや、数学に振り回されて理を見失うようでは物理屋失格です（もっとも、時には数学自体が語る内容に身をゆだねることも必要なのですが）。数学に触れずに、物の理を普通の言葉で紐解けることを見せる。これが、この本を書く時に私が自分に課した制約です。

しかしその一方で、通常の言葉は良くも悪くも曖昧です。理を正確に伝えたいと思うと、どうしても表現が難しくなったり長くなったりします。そこで、理を正確かつシンプルに伝えるために編み出されたものが数学です。ですから、誇張でも極論でもなく、数学とは言語なのです。我々人間社会に数学が発生するのはとても自然なことですし、どんな分野であれ、理をシンプルに表現しようとしたら、そこには必ず数学が顔を出します。それは理系や文系という狭い区切りとは無関係です。ですから私は、「理数」という表現にはとても違和感を覚えますし、半ば本気で、数学は語学として教えるべきだと思っています。

思うに、何かの勉強をはじめるに当たって、どうしても数学に苦手意識があるのなら、最初は使わなくても構わないと思います。あらゆる学びにおいて、大切なのは数学ではなく、理の内容だからです。外国語が出来なくても海外旅行を楽しめるのは、話したいことがあるのなら大雑把な意思疎通が出来るからです。ただ、そういう海外旅行をすると必ず気付くように、語学が出来れば旅行はもっと楽しいのです。同じように、数学が出来た方が学びは楽しくなります。たとえ最初は分からなくても、学び続けるうちに必ず数学の便利さに気づきますし、特に自然科学では、自然が数学で語られることの不思議さにも気づくはずです。その頃には、数学はあなたの友達になっていることでしょう。

無色化の技術は強力です。複雑な物事の中に潜む「芯」を削りだし、本来無関係に見える物事の間に繋がりを見出す事が出来ます。これは、あらゆる学問に共通した考え方ですし、広く社会の中で応用できる技術です。また、無色化の対象は自分の外側に留まりません。自分の内面にこびりついた無意識の思い込みをなくし、自らの世界観を広げ、感性を進化させる可能性だって秘めています。その使い方のバリエーションは無限です。

私も含め、皆さん一人一人が自分の無色化の技術を深め、この複雑な世界を楽しく生きるきっかけになることを願いつつ、ここで筆を擱くことにします。
最後になりますが、執筆中いつも適切なアドバイスを下さった新潮社の門文子さん、お忙しいなか度々大学での講演を引き受けていただき、私にこの本の執筆を勧めて下さった譚璐美さん、いつも陰に陽に私を支えてくれる妻と子供達、そして、これまで私を導いてくれた全ての人たちに心から感謝致します。

2015年10月　日吉にて

松浦　壮

■参考文献

“The ‘hit’ phenomenon: a mathematical model of human dynamics interactions as a stochastic process” Akira Ishii et al, New. J. Phys.14 063018, 2012

『力学の考え方』（物理の考え方１）砂川重信著／岩波書店／１９９３年

『相対性理論入門講義』（現代物理学入門講義シリーズ１）風間洋一著／培風館／１９９７年

“Memoirs of the Life, Writings, and Discoveries of Sir Isaac Newton” David Brewster, Edinburgh and London, 1855

松浦 壮　1974（昭和49）年生まれ。
素粒子物理学者。京都大学で理学
博士号を取得後、日本、デンマー
ク、ポーランドの研究機関に所属。
現在は研究の傍ら慶應義塾大学で
物理の教鞭を執る。

Ⓢ新潮新書

643

宇宙《うちゅう》を動《うご》かす力《ちから》は何《なに》か
日常《にちじょう》から観《み》る物理《ぶつり》の話《はなし》

著　者　松浦《まつうら》壮《そう》

2015年11月20日　発行

発行者　佐藤隆信

発行所　株式会社新潮社

〒162-8711　東京都新宿区矢来町71番地
編集部(03)3266-5430　読者係(03)3266-5111
http://www.shinchosha.co.jp

図版製作　株式会社クラップス
印刷所　二光印刷株式会社
製本所　株式会社大進堂

ISBN978-4-10-610643-9　C0242

価格はカバーに表示してあります。